宇宙人はなぜ
地球に来たのか

韮澤潤一郎
Nirasawa Jun-ichiro

たま出版

まえがき

　第二次大戦から今日まで、半世紀以上にわたって膨大な数のＵＦＯ事件が発生しているのに、その現状や正体について、なぜいまだに納得のいく回答が出ていないのかという疑問がどうしてもわいてくる。

　自然科学的見解では、近隣の宇宙から人間のような知的生命体は地球に来られないはずだという一般常識が定着し、解決したこととされている。しかしそれは安易な妥協でしかない。例えば、月への有人飛行を体験した宇宙パイロットたちのほとんどが未確認飛行物体、つまり、ＵＦＯに遭遇しているということは、通信記録や本人たちの証言、また特にロシア科学アカデミーが所持していた文書などから明らかである。ただ、その体験の詳細を彼らが公言することが禁止されているだけなのだ。

　また、この太陽系の月や惑星に関しても、謎が多くあり、火星に水の流れや森林の存在が惑星探査機の写真に発見されている。そして金星はといえば、着陸したロシアの探査機ベネラが地上の風景を写真撮影しているが、これは定説となっている金星の地上温度や気圧からあり得ないことだ。つまり地球の九十倍の気圧で摂氏五〇〇度という状況において、コンピューターの電送設備が稼働するのかということだ。日本の金星探査機「あかつき」はこれを解明するだろうか。

さらに調べていくと、宇宙飛行士たちは宇宙体験という奇妙な感覚を持っていたことが分かってくる。それは空間を超えた精神的コミュニケーションのような場合もあり、遭遇したUFO搭乗者との精神的接触も否定できない。

当局はUFO実在に関するあらゆる事実を否定し続けているうえに、尾ひれをつけた疑似情報を振りまき、その真相を詮索することさえバカらしいと思わせるような巧妙な手段を使っている事実も見受けられる。

けれども、これらの状況を考慮し、過去のさまざまな事件を歴史的に追っていくと、立ちはだかっている謎の解答が導き出せるのだ。

近代の地球の歴史とUFO事件の関係を調べていくと、宇宙人が地球に来る厳然とした必然性があったということが判明した。本書はその内容を明らかにしている。

そしてもう一つのテーマは、UFOと宇宙人情報が開示されない理由である。なんといってもUFOの背後に宇宙人が存在することが問題を複雑にしているのだ。

三つの球形ギヤーが付いた円盤状の上部に、円窓のあるドーム型のキャビンが乗っているアダムスキー型UFOは、最もオーソドックスなタイプのエイリアン・クラフトとして有名だ。

名前の由来となったアダムスキーは、一九五二年にカリフォルニア州のデザート・センターといわれる砂漠地帯で、六人の目撃者が見守る目の前に、この形のUFOが着陸し、中から出てきた宇宙人と会見した。目撃者たちはその場に立ち会ったという証言書を残している。その後も何度かアダムスキーは、宇宙人に招かれてUFOに乗り、月や惑星に行ったという。

彼の体験には多くの目撃証人や証言があるにもかかわらず、あまりの前代未聞で奇想天外な内容だということで、否定論者が後を絶たず、一般常識からは虚構であるようなイメージで受け止められている。

しかし、彼の体験には、UFOと宇宙人問題の真相があると私は感じていた。

調べていくと、アダムスキーの体験には、隠された二つの面が存在していることが分かってきた。

一つはアメリカ政府や国連との関係であり、もう一つは地球にいる宇宙人たちの実態である。この二つの問題はこれまでほとんど知られていないか、人々の認識外に置かれていた。アダムスキー自身も当局者の立場を尊重し、自分の著書ではほとんど言及しなかったという事情があるが、晩年に不自然な形で彼の存在が消えていった過程に疑問を感じて調査していくと、現在もなお秘匿されるＵＦＯと宇宙人問題の裏側が見えてくる。

情報公開の波と共に、ウィキリークスが所持しているというＵＦＯに関する秘密文書もさることながら、政府や軍関係者の暴露発言が後を絶たない。

ここ数年、イギリス、カナダ、フランス、デンマーク、ニュージーランドなど、各国がＵＦＯに関する秘密文書を公開し始めている。二〇一〇年にイギリス国防省が公開した文書の中には、チャーチルがアイゼンハワーに対し、ＵＦＯ問題を隠ぺいするよう要請した内容が含まれていた。また日本の航空自衛隊のパイロットたちがＵＦＯに遭遇していたという証言も出てきている。

なぜＵＦＯの存在が隠ぺいされなければならないのかについても本書は明らかにしている。今後各国の宇宙探査が進行していくと、当然ＵＦＯ問題に直面していくことになるだろう。本書はその理解のための一端になるものと考えている。

［第２版追記］

初版発行の一カ月後に東日本大地震が起き、これによる津波で福島第一原子力発電所の放射能漏れを収拾するめどが立たないという状況が続いた。

人類の核エネルギーの使用とＵＦＯの出現の関係が本書のメインテーマであることから、今回のような原発事故を含む核の使用に対し、一九五四年のヨーロッパで発生したＵＦＯの大量出現事件（本書一〇一ページ）の際に、各国政府に対し宇宙人が警告していたということを記しておきたい。

これは一九五五年七月十八日から二十三日まで、スイスのジュネーブで開かれた米ソ英仏による四巨頭会談の開催初日にＡＰ電が伝えたものだ。

「…このほど四大国巨頭会談を開くことを決定したのには秘密の理由がある…ある惑星の住民から〝イギリスとソ連の原子力工場を破壊する〟と地球へ最後的警告が寄せられており、これといかに折衝するかを討議するためである…原子力の利用は平和的であっても、宇宙の崩壊をもたらすものであり、惑星の住民はよくこの危険を知っている…これらの惑星からの攻撃を阻止する唯一の方法は原子力を放棄することだ…」この外雷は当時、朝日新聞が報道した。

●「宇宙人はなぜ地球に来たのか」もくじ●

第三章　宇宙人との交流を阻害する者

第四章　歴史は宇宙人の活動と連動する

第九章　地球人も宇宙人になる

第一章　宇宙人が住む町へ

●宇宙人の大半は人間型

アメリカのUFO研究団体（CSETI＝地球外知的生命体研究センター）が二〇〇一年五月に、四百人近くの軍や政府、情報機関、宇宙開発関係者からUFO実在の証言を集め、その中の代表的証言者二十人ほどをワシントン・プレスクラブにそろえて記者会見した際、墜落UFOの回収部隊に所属していたクリフォード・ストーンという陸軍の一等下士官が興味深い証言を行っていた。

「私が一九八九年に退役した時に、すでに五十七種類の異星人が軍の目録に記載されていました。その大半は人間型で、街を歩いていても誰も区別がつかないということです。これは生物学者を悩ませるでしょう。明らかに宇宙には二足歩行のヒューマノイド（人間型宇宙人）が多いということです。グレイタイプは三種類あり、私たちより背の高いのもあります」

これはかなり当を得た数値かもしれない。

というのは、私が調べた過去半世紀の、世界のUFO着陸事件で目撃されている宇宙人の種類に、近い感じがするからだ。

また、グレイタイプはバイオ・ロボットともいわれるから、宇宙人そのものは、実はほとんどが人間タイプで、種類の違いはせいぜい地球上の人種間くらいではないだろうか。

「彼らはかなり進化した能力があり、感覚器官が優れていて、暗闇の中でも平気で歩くことができ、しかも何かに触っただけでその色を判別する」とも証言している。これはアイレスサイト（無眼視覚）といわれ、触覚が視覚を補う超常的能力の一つで、世界各地で事例が報告されている。


このような人間型の宇宙人と長い間付き合っていた私の友人の証言を、以前、弊社で出版した『ニラサワさん。』（二〇〇三年たま出版刊）の中に掲載し、二〇〇八年末のテレビ「ビートたけしの超常現象スペシャル」で私の友人にも出演してもらい、その宇宙人の写真や住んでいた家などを紹介したものの、なかなかその実情について説明しつくすには至らなかった。

「なんだ、ただの家じゃないか！」というのがほかの出演者のあらかたの反応だ。宇宙人なら、もっと特殊な家に住んでいるべきだ、というのだろう。

だいたい「宇宙人がこの社会の中にいるはずはない」という常識の中で、それに反することを短時間に説明すること自体が無理だった。

そこであらためて、私の友人の体験と、私自身の彼との長い付き合いの中から、その真相をさらに追究することで、ＵＦＯ問題や宇宙人の実態をより明確にしてみたい。

●突然の海外出張でたどり着いた町

その宇宙人というのは、地球上では、クリント・イーストウッドとも親交があったハリウッドの映画俳優だったわけだが、私が訪ねたころは現役を引退して、アメリカでもきれいで住みやすいことで有名だった田舎町に住んでいた。

私の友人、ハリー古山もその町で働いていて、彼の存在を知っていた。名づけて宇宙人Ｊと彼は呼んでいた。

そんな事情とは関係なく、私がその町を訪れることになったのは一九七九年のことだった。

この年の五月に、カリフォルニア州サンディエゴで世界超心理学会が開かれるというニュースが入ってきて、この会に参加する日本からのツアーを会社で企画することになった。なにしろアポロ14号の宇宙飛行士エドガー・ミッチェルと組み、月と地球間のテレパシー実験を行った、ＥＳＰ（超感覚的知覚）研究の草分けといわれるハロルド・シャーマン博士がメーンスピーカーだというので、なんとしても実現したかった。

写真①　1979年当時のビスタ市街に立つハリー

さらに私は、この地を訪れるからにはパロマー山近辺のＵＦＯスポットを訪ねるコースも入れたかった。そのためには、ツアーのスケジュールを組むうえで、その地域を事前に調査する必要が出てきた。

ツアーの四カ月ほど前、カリフォルニア州サンディエゴ近くのビスタという町の近郊に着いた。訪ねるはずのハリーの家は、さまざまな人たちの共同住宅状態で、私が泊まるのが少し難しかったので、ひとまず町のモーテルに入った。

一泊十ドルそこそこで泊まれる時代で、リビングも結構しゃれた調度のしつらえで、気に入った。

北アメリカ大陸という広大なこの国の都市

写真②　パロマー山系東端からモハーベ砂漠方向の展望

郊外は、ゆとりのある区画で街路が整えられていて、実に快適な街並みだった。夜は静かで、路地からは星がきれいに見えた。映画「未知との遭遇」が封切られた後で、そのテーマ曲をカセットで聴きながら、銀河がこぼれ落ちてきそうな夜空に見とれていた。

実はこの辺は、すでに重要なUFOスポットの入り口にさしかかっていたのだ。

西に見えるパロマー山の頂上には、この当時、世界最大の反射望遠鏡を備えた天文台があり、多くの天文学者や軍の関係者が出入りしていた。

そしてあのロズウェル事件の一年前に、このサンディエゴからパロマー山の地域で、窓に人影さえ見えるほど低空で巨大な葉巻型母船が飛行していくのが見られた。

さらに、その目撃事件の六年後に、パロマー山系を越えた東側のモハーベ砂漠で、アダムスキーが着陸したＵＦＯから出てきた宇宙人と会見したデザートセンターという場所が存在している。それらのポイントをツアーが回るのにかかる時間を調査しなければならなかった。

私は現地のコンダクターをハリーに頼もうと思っていた。

なにしろ彼は、そのコンタクトポイントを正確に調査するために、何度もこの地域を回っていたからだ。


翌日、忙しい仕事の合間を見てハリーが車でやって来てくれた。

途中の日本食レストランで腹ごしらいをし、夕方、彼の住んでいる家に行こうという。

久しぶりの本格的な日本料理にすっかり満足し、リラックスした会話が続いた。私の頭の中は、今回の旅の目的であるツアーのための調査でいっぱいだったが、どうも違う方向に引き込まれていくような雰囲気を感じ出した。

●その町には宇宙人が住んでいた

最近、彼の家の上空にＵＦＯが来ていたとか、三日ほど前にニューヨークから来た宇宙人が家に滞在していたというような話が出てくると、ビジネス的な頭が次第にこの世離れしていかざるを得ない。

まるで十年ほど前まで、この近くで生きていたアダムスキーの世界が、そのまま続いているような気がしてきた。

自宅には、映画「未知との遭遇」の、あるシーンのモデルになったＵＦＯ遭遇体験者もいるから、とにかく行こうとハリーは席を立った。

「あの映画は実話をもとに作られた」と言われていたことを、私はフッと思い出した。


家はだいぶ郊外にあった。ビスタからはいくつかの町を通り過ぎて、パロマー山系近くの山間の途中まで来た。高台になった通りから少し入ると、平屋の一部が二階建てになった家が現れ、その前に車は止まった。

通された部屋には、温かそうなソファーに猫が座っている。居心地の良いリビングだ。

しばらく談笑しているうちに夕闇が迫ってきて、ルームランプの明かりがともされたころ、「いま裏山の方にオレンジ色のＵＦＯが現れたんだけど、見た？」と言って、若い女性が飛び込んできた。もちろん英語で言ったので聞き取れず、すぐハリーに聞きただして理解した。

もう家の外に駆け出しても、見えなくなっていると思い、立ち上がることもなく、「なんだか忙しくなってきたなー」と、私はどちらかといえば半信半疑でそれを聞いていた。

「そう簡単にＵＦＯは現れるわけもない」と、日本では考えるから、すぐに反応する気にはなれなかったのだ。ところが、いろいろ聞いているうちに、このあたりではけっこう起きることらしい。

そういえば、ここは宇宙人Ｊが住んでいる所なのだ、とあらためて考えていた。

実は宇宙人Ｊについては、私はまったく知らなかったわけではなく、以前からいろいろ聞いてはいたのだが、私自身は会ったわけでもなく、彼が少年のころ地球にやってきて住みついたといわれても、何の確信も持つことができない。だから、私の中にはＪの存在自体が希薄だったといっていい。

しかしハリーは、Ｊが宇宙人だということをはっきりと認識していることは確かだった。しかもこの町には、そのほかに何人もの宇宙人と思われる人物がいると彼はいう。そしてどの惑星から来たかも識別していた。

髪の毛の色、肌の色、体格、目の色などによって彼は判断する。

また、会話を交わした場合は、その内容と人物からのフィーリングも大事な要素のようだ。

あるとき、その一人から、はっきりとテレパシーで呼びかけられたことがあったとハリーは言った。耳で聞こえたわけではないが、日本語で自分の名前が全身に「聞こえた」と言うのだ。それも「日本語風に、今まで聞いたこともないような優雅で美しい調子の声だった」と言う。

振り向くと、そこには「落ち着いた清らかな目の女性がいた！　そして、目と口もとで微笑みかけ、愛らしくウインクしたんだ。まったく天使の目だったよ」と言うのだ。

それだけ聞けば、「そういうのって、けっこうそこいらにいるんじゃないの？」というのが正直なところだろう。

だが、彼はもう何年もこの辺にいて、ブロンドの美人が珍しいわけでもないはずで、それほどのショックを受けたからには、何か精神的にはっきりしたものを感じたのだろう。ちなみにこの女性は長い黒髪だったようだ。

これは、彼が所用で立ち寄ったある店でのことだ。もちろんハリーはその店で働いていたこの女性とは初対面で、自分の名前を知っているわけがないという。しかも、自分を振り向かせるほど強い〝想念〟で呼びかけてきたと彼は認識していた。だから、彼女は自分の正体を意思表示したんだというわけだ。そして「ある惑星特有の皮膚の色だった」という。

この後で分かったことだが、彼の仲間の中には、以前から彼女が宇宙人だと気づいていた者もいたという。何か似たような体験を持っていたらしい。

●宇宙人に対するわれわれの反応

このようなテレパシックなコミュニケーションにわれわれは慣れていない。普通なら「私は金星から来た者でございます」と、まずは言葉をかけ、それから「これがその証拠です」と、なにか珍しい品物を提示するくらいのことはすると思うだろう。ところが、そのようなことはしないわけだから、なかなか確認するのが難しいのだ。まして第三者にそのようなことを話すのは無理だろうし、信じてはもらえない。だから私もこれまでこのようなことをあまり話すことはなかった。

しかしハリーに言わせれば、なんの不自然なこともないようなのだ。「彼らは絶対に、自分が宇宙人だとは言わないよ」と言う。それは身の危険が生じるからということになるようだ。うわさが広まれば、当然、自らの正体の「自白」と「証拠の品」を強要されるに違いないからだ。場合によっては身体的な検査や解剖ということになりかねない。

だから、宇宙人は自由にわれわれの社会にいることは難しいということになる。たとえ観光旅行だろうと、偵察だろうと、こっそりと地球人になりすまし、黙っているしかないのだ。

だからといって、アメーバや爬虫類から化けているわけではない。彼らの惑星にいるのと同じ、肉体でやって来ているのだ。

結局、このような宇宙人について今日まで話を聞かされた人数は、十人以上になっている。なかにはハリー自身が相当親しく付き合った人物もいたようで、Jもその一人である。そうなると当然、「証拠の品」を期待したくなるが、おそらくそういうものは置いていかないのではないかと思う。たとえあったとしても、以前、私がテレビで「宇宙人の住民票」として見せたように、誰にも分からない文字だったりして、証拠にはならないだろう。

そんな雰囲気で時間がいつの間にか過ぎていった。

この家に何人の人がいるのか分からなかったが、夜遅くまで住人たちが集まって、和気あいあいとゲームをしたり歌ったりして過ごしてしまった。

●スピルバーグ監督が使った事件

その中に「未知との遭遇」のワン・シーンのモデルになったというグレッグという青年が

いた。

そのシーンというのは、映画前半で主人公が道路を車で走っているとき、突然エンジンがストップしたかと思うと、何かに照らされた踏切の電柱などが不気味にガタガタ揺れる場面のところだ。

部屋にいたみんなが引き上げるとき、彼に単独にインタビューしたいと頼んだら、快く聞いてくれたのである。

以下は、そのときの録音を要約したものだ。


「それは七年前の一九七二年のことです。あの頃はいくつかのＵＦＯ目撃があったんですよ。それは夏でした。八月の終わりごろです。このころから前触れのようなＵＦＯの目撃が続いていました。

九月になって、私のガールフレンドの家で誕生日パーティーをやって、夜中の一時半ごろ、自分の家に帰る田舎道を車で走っていました。

しばらく行くと道が緩やかに曲がっている所に来たとき、自動車の電気系統が消えてしまったのです。キーを回したわけでもないのに、エンジンがストップして、ラジオも止まり、道路も見えなくなってしまいました。動くこともできず、誰かが来るのを待つより仕方ないと思い、車の中に座って困りきっていました。

　すると、以前霧の深い夜に聞いたのと同じ音が聞こえてきたのです。少し怖い気もしていたのですが、音は何か親しみのある感じです。以前私が聞いたことがあるものでしたから。私はドアを開けて外へ出ました。あたりを見回しましたが、何もありません。道の前方にも後方にも何もありません。私は上方を見上げました。するとなんと、そこに巨大なオレンジ色の円形の物体があったのです。非常に大きなものです。私はぞっとして見つめていました。すぐに音がやんだと思うと、その物体は遠のいていきました。たちまち速度を増して五秒ほどで点のようになり、天空に吸い込まれて消えてしまい、それっきり現れませんでした。

　円盤が飛び去った後、私の自動車はまた動き出しました。しかしそのヒューズが飛んでしまったので、ヘッドライトはつかず、無灯火で家まで運転していったのです。

　その後、姉がこの事件を警察に知らせたものですから、私が住んでいたモアキ地区（ウィスコンシン州）の新聞やラジオ、テレビなどが聞いてきました。しかし、私が話をしなかったので、事件の二週間後に、政府のＵＦＯ専門家としてあの映画を監修したハイネック博士が自宅にやって来ました。最初、誰が来たのか分からなかったのですが、ともかくどうぞというとことで話をすることにしました。

　彼は事件のことを細かく尋ねてきました。聞き終えると、何とも説明のしようがないが、真実の目撃事件のように思えると彼は結論したようです。

しかし、彼は実際何も答えてはくれませんでした。私は自分にいったい何が起きたのかを知りたいと思っていました。彼は専門家のように見えましたので、それついて答えてくれるものと思っていましたが、何もはっきりすることができなかったのですから、ＵＦＯの専門家とはいえませんよ。

私は十八歳でまだ若かったので、何が起きたのか知りたかったのです。ＮＩＣＡＰ（ＵＦＯ研究団体）の人たちも来て、私から多くの情報を得ていきましたが、私には何も与えてくれませんでした。その二日後にハリーさんたちと知り合え、この問題の真相を知ることができました。私は以前から他の惑星にも住民がいると思っていたからです。それはモンスターではなく、人間だということを、私は自分の中に、まさしく実感として持ち続けてきたのです」

この青年は、四年ほど前までウィスコンシン州にいたハリーの知人で、その後カリフォルニアに来て、一緒に仕事をしているという。

ハイネック博士の著書には彼の体験が報告されていると言っていた。そして、その内容をヒントに、映画の前半に主人公の体験として、スピルバーグ監督はグレッグのストーリーを入れ込んだのだろう。

●国連や政府も無視できなかった

グレッグが目撃したUFOがなんであるかを納得できる形で説明した「ハリーたち」とは、まさしくこの家の住人たちであった。

彼らは、十五年ほど前までこの町に住んでいて、一九六五年に亡くなったアダムスキーの後継者たちだった。

アダムスキーの晩年は、撮影したUFO写真が揶揄《やゆ》され、コンタクトしていた宇宙人の出身惑星である金星や火星、土星といった惑星に、地球と同じ人間がいる可能性が、宇宙探査機が送ってきたデータと完全に矛盾するということで、ほとんど一般に受け入れられなくなってしまっていた。

それでも、生前から一緒に活動していた人たちの多くが、彼の体験を疑うことがなかったのはなぜか。

簡単にいえば、宇宙人の存在、UFOの出現といった実体験が継続していたからである。

このとき私はその真っただ中に入っていたのだ。

だから仕事で来ていたものの、次第に気持ちの上ではそれどころでなくなっていった。カリフォルニアからアリゾナ、そしてメキシコまで私は足を伸ばすこととなり、結局、日本に帰ったのは、およそ二週間以上後だった。

ともかくその後、私はどうにか日本からのツアーを立てて、仕事を全うすることができたのだが、「宇宙人が地球に来ている」という現実を突きつけられたまま、今日までその問題と対峙し続けることになった。

その後、数年おきに三度ほど現地を再訪問し、この間すでに三十年が経過した今日、ようやく地球の置かれている状況が見えてきたような気がしている。


このころ彼らは、ここカリフォルニアのほかに、アメリカ東部の拠点としてウィスコンシンにも住居を持っていた。またメキシコ第二の都市といわれるグアダラハラにも拠点があった。

各メンバーはその拠点から、地元のテレビやラジオに出演したり、学校や教会、官公庁などで講演会を開いていた。

このような活動は、アダムスキーが死去する直前まで繰り広げていた活動とまったく同じである。それを促すかのように、さまざまな宇宙人が彼らと接触し、あるときは助言さえしていたようだ。しかも講演会場の近辺でたびたびＵＦＯの目撃が発生していた。

宇宙人たちは、よほどこのような民間人の体験をもとに、当局に働き掛ける必要を感じていたということがいえる。

事実、メキシコのメンバーの一人だったレオポルド・ディアスという医師は、一九七六年に病院に訪ねてきた人間型の宇宙人を身体検査したという驚くべき体験をしていた。ディアス医師の診療所に、その日の最後の診察で入ってきた男性は身長が百五十センチほどで、八十五歳と言っていたが、四十歳くらいの肉体だったという。「自分は金星から来た」と言い、核の誤った使用を警告したほか、宇宙は十五種の素粒子レベルの荷電粒子から成り立っていて、その電子を分離することによるエネルギーの使用など、二時間ほど会話したというのだ。宇宙人は多くの科学者に接触したが、誰も信じなかったと言っていた。この時代三種しか素粒子は知られていなかったが、今ではクオークなど十種近くが発見されている。

このディアス医師の体験を報告するために、ハリーたちは国連やホワイトハウスにまで出かけていっていた。当時の大統領補佐官に実際に会って、そうした宇宙人の実態を訴えていたのである。また当時中米の国グレナダによるＵＦＯ研究機関設立の提案で騒動にまでなっ

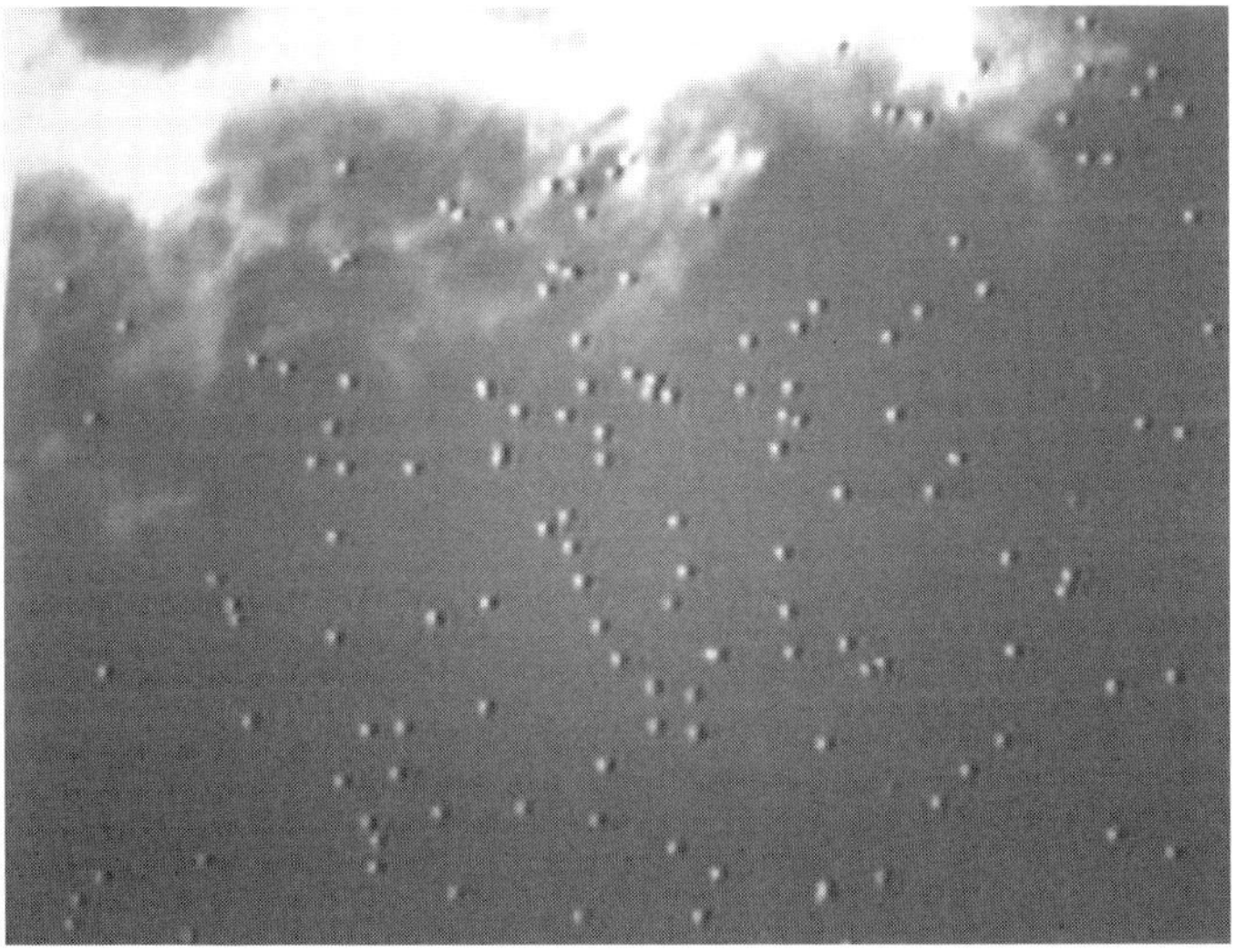

写真③　2005年にメキシコの空に出現した数百機のUFO群

ていた国連に対し、事務総長側近にも報告を行っている。

興味深いことに、そのころ、UFOの世界的権威といわれたフランスのジャック・バレ博士が、この医師を調べるためにグアダラハラに直接訪ねてきている。なにしろ、この当時、市郊外で数百個の光体が星のように空中に浮かんでいるのが目撃されたりしていたからだ。

つまり、一個人の体験こそが、地球の社会に事実を提供できると宇宙人は考えているようだ。それによって、地球が宇宙の実情を受け入れることになると期待したのだろう。しかし、だからといって大衆がそのことを受け入れるかどうかは次の問題になる。

第二章　宇宙人たちとの交流

●なぜ宇宙人たちは協力したのか

このような活動に連日明け暮れていたハリーたちもまた、アダムスキーと同様、日常的に宇宙人との接触を持っていたのも当然だったのかもしれない。

私が彼らの家を訪ねた三日前に、ニューヨークから一人の宇宙人が来て滞在していたと言っていた。そしてその間にメンバーたちは、パロマー山近辺でＵＦＯとの接近遭遇も体験していた。

その宇宙人は、メンバーたちが近日中にＮＡＳＡ（アメリカ航空宇宙局）の関連機関であるパサデナのＪＰＬ（ジェット推進研究所）の科学者やサンフランシスコの政府関係者に宇宙人について説明することになったので、アドバイスを与えるために来ていたのだという。

なぜその人物が宇宙人だといえたのか、どのような感じだったのかを聞くことはできなかった。もちろん写真もない。

このように、地球の社会に入って活動している宇宙人は、自分の顔が知られることを極力避けているようだ。知られたら最後、もうここにいることはできないということは察しがつ

写真④　右端が大統領に会った宇宙人。左の二人も地球に住む宇宙人

く。

アダムスキーが砂漠で会った金星人のスケッチ画の顔も、全く事実と異なっているらしい。なぜなら、そのときの金星人はその後も時々会いに来て、人々の間に出没していたからだ。絵画にするとき、そのことがあらかじめ配慮され、実体とは違う顔に描かれたようだ。だがメンバーたちは、その本当の顔をはっきり認識していた。

このような地球上における宇宙人の立場を配慮できなければ、彼らは接触してはこないだろう。


同じような疑問として、「なぜ宇宙人自らが、政府や国連に出向いて説明しようとしないのか」という意見があるだろう。その方がよっぽど物事が早く決着するのではないかというわけだが、それはすでになされたことだ。

例えば『大統領に会った宇宙人』（たま出版刊）の事例では、金星人はホワイトハウスに出向いて、当時のアメリカ大統領であるアイゼンハワーに会見したという。だが、この事実は握りつぶされている。

あるいはエリザベス女王の遠縁で、イギリス軍の最高司令長官だったマウントバッテン卿の私邸の庭に、一九五〇年代にＵＦＯが着陸してコンタクトを試みたことがあった。ちなみにこの私邸は、チャールズ皇太子とダイアナ妃が結婚直後しばらく過ごした場所だった。二人は卿のひ孫に当たる。

ＵＦＯが着陸したとき、私邸の侍従が外にいて、金髪で体にぴったりとした青いウエットスーツのようなものを着た人間型宇宙人に会っている。しかも円盤型ＵＦＯの中に招かれ、しばらく離陸して飛行したという。

しかし、このことを侍従から詳しく聞いていて、当時からＵＦＯ問題に精通していたマウントバッテン卿自身は、後にＵＦＯに関する政治的側面に関与し、マリリン・モンローやケネディ大統領の死に影響を与えたといわれ、一九七九年にアイルランドにあった自分の別邸近くで殺されている。

カーター元米大統領もＵＦＯ遭遇体験をしていて、大統領選挙のときにＵＦＯ情報の公開を約束したものの、当局の壁を切り崩すことはできなかったし、日本の政治家の中にも同様の体験をした人がいたが、家族の希望などで公表に至っていない例が複数ある。その一人は首相経験者だ。

さらに、国連総会レベルともいえる、各国の政治家と宇宙人たちによる集団コンタクトもあったといったら驚くだろう。

これもハリーによる発見の一つによって実証されたことだ。

前からそのような宇宙会議、あるいは太陽系会議ともいえる会合が、メキシコのどこかで開かれたという情報があった。私の帰国後、彼はその地名が分かったので、一九八八年に現地調査に踏み切ったという。

交通の便が悪く、そうとう苦労したようだが、現地に着いてみると、ひっそりとした山間地プルアカに立派な宿泊施設と会議場が存在していたのである。

写真⑤　プルアカの宇宙会議場の前に立つハリー。入り口の上に「天使の館」と書かれている

そこで宇宙会議が開かれたのは一九六四年の五月である。

この年の前後は、メキシコ国内は空前のＵＦＯ目撃ラッシュだった。

そのころまで、メキシコは空軍の戦闘機を持っていなかったため、ＵＦＯが自由に離着陸できたといわれる。そしてメキシコ政府自体がＵＦＯの飛来と宇宙人の受け入れに前向きであり、当時の大統領自身がそのような宇宙会議をアレンジしたといわれる。

しかし、このような事実があったということは一般には知られていない。

つまり、宇宙人が特定の政治家や有力者に語りかけたとしても、そのようなやり方は通用せず、結局、失敗してきたということになる。

要は、最終的には大衆のコンセンサスが形成されることを宇宙人は望んでいるのだろう。

それまで、アダムスキーが政府要人などと接触していたといううわさがあったが、具体的なことはほとんど公表されていない。

しかし、ハリーを取り巻く後継者たちでさえ、ホワイトハウスや国連まで出かけて、UFOや宇宙人問題を話し合ったという事実を知っている私としては、その実情に踏み込まざるを得ない。

●背後でUFOが見ていた！

先に紹介した英王室私邸で起きたUFO着陸事件を報告したのは、イギリスの首相として名高いチャーチルの甥だったデスモンド・レスリーである。

彼は事件の公表について、マウントバッテン卿の存命中は家族から口止めされていたという。そこで、卿が亡くなった翌年に、初めてイギリスのUFO専門誌に発表したのだった。

そもそも、このデスモンド・レスリーという人物はアダムスキーの最初の本『空飛ぶ円盤実見記』の共著者でもある。だから彼も、私が訪れていたパロマー山ろくにアダムスキーに会いにきたことがあった。

それは本が出版された翌年の一九五四年のことである。この夏に三カ月も彼はここに滞在していた。

そんなある日の夕方、家の屋根から一つの輝く光球が急速に上昇していくのを見た。アダムスキーはそれを遠隔操縦のスキャンニング・ディスク（観測用小型円盤）だと説明している。その大きさは六十〜九十センチで、無人だが非常に高性能に出来ている。

その翌日に、家の中庭に座っているとき、レスリーは「見つめられているような奇妙な感じがし始め、誰かがすぐ後ろに立っているような気がした」と言う。振り向くと、百五十メートルほど離れたところに小さな金色の円盤が浮いているのを見た。やがて淡い光跡を残しながら上空へ消えていってから、アダムスキーは「いつ君があれに気づくかなと思っていたよ」と言った。

しばらくの間、この庭で皆が話している内容をそのＵＦＯは立ち聞きしていたことになる。まさしく偵察機だ。

●政府はコンタクト事件を知っていた

この事件があった前後に、アダムスキーはロサンゼルスのレストランなどで、さかんに地球上に滞在していた宇宙人たちとコンタクトをし、やがて円盤型ＵＦＯに乗せてもらい、宇宙空間にまで旅行し、そこに滞空していた巨大母船に乗船するという体験までしていた。

翌年に、その体験記である『空飛ぶ円盤同乗記』を二冊目の本としてアダムスキーは出版するのだが、「そんなバカなことがあるはずはない」と考えるＵＦＯ研究家も多くいた。その一人であるレナード・ストリングフィールドは、「ペテン師」としてアダムスキーを告訴することにした。

告訴の根拠としたのは、著書冒頭のはしがきで引用されたアダムスキー書簡の次の一文である。

「私が宇宙船に同乗して行った旅行の一つについては、ちゃんと二人の目撃者がいた。両名とも高い地位にいる科学者である……」

つまり、カリフォルニアの都市近郊から、アダムスキーが人知れずＵＦＯに乗り込んだとき、彼と宇宙人のほかに高名な科学者二人がその場に立ち会って、見届けていたと言っているのだ。

そんな科学者たちはいるはずはないと思っていたストリングフィールドにしてみれば、アダムスキーは連邦裁判所に召喚されるべきだと考えていた。しかし一方では、その裁判によってアダムスキーの体験を科学的に実証することになるかもしれないという可能性もあったが、いずれにせよ彼は、ペテン師どもをいっこうに取り締まろうとしない政府のやる気のなさに腹を立てていて、とにかくこの問題を自分で決着させせることにした。

ところが、友人の弁護士にその件を依頼した直後、仲介者となってくれた下院議員を通し、ある政府機関の思わぬ反応が出てきた。それは訴訟の差し止め命令ともいえるものであった。弁護士事務所に呼び出されたストリングフィールドの目の前には、当時のＣＩＡ長官アレン・ダレスからの公式声明文書が置かれていた。

文面は以下のようなものだ。

「確かに貴下には連邦裁判所で訴訟を起こす事由があるようだ。しかしＵＦＯ問題に関しては最高度の機密保全が存在しており、本件については、差し止め命令を発動し、誰であろうとも、法廷でこの書物に関する証言を行わせないつもりである」

そして、この文書には次のような指示も含まれていた。

「当公式声明については、すべての当事者が関係も責任もないと主張しなければならない」

つまり、他言無用の内々の通達だということだ。

弁護士は、もし差し止め命令が発動されれば、とんでもない状況に追い込まれ、逆訴訟の対象になると警告したという。


以上の経緯で見えてくるのは、現場に立ち会ったことが二人の科学者たちの単独行為ではないということだ。CIA自体が充分把握していたことなのだ。

どうやら当局は、アダムスキーが宇宙人たちと交流しているということを充分承知していたとみていい。いや、それ以上に当局自体がその宇宙人と接点を持っていたとも考えられる。アダムスキーが宇宙人に呼び出される場合、突然のテレパシーによるもので、予約をして来るわけではないからだ。

つまり、当局はアダムスキーが都市近郊で宇宙人に会って、UFOに乗り組む予定だというスケジュールを知っていたからこそ、あらかじめその現場に科学者を派遣して、立ち会わせることができたに違いない。しかもそのことを宇宙人たちに承認させているに違いない。

というのは、当時訪ねてきていたデスモンド・レスリーは、アダムスキーが宇宙人と時々会っていることを知り、ぜひとも自分も同行したいと頼んでいたけれど、そのときになって宇宙人が承諾しなかったため、実現しなかったことがあったからだ。

あのとき接近して、背後から聞き耳を立てていた小型偵察機が、レスリーの人間性を品定めした、その結果だろうか。

とにかく、会談は双方の同意のうえで成り立つわけで、『同乗記』におけるコンタクトは、当局、宇宙人、そしてアダムスキー三者の了解事項だったといっていい。

●軍や政府はどこまで知っているのか

ロズウェル事件が起きた前年に、サンディエゴ上空に巨大な葉巻型UFOが現れたことは前に述べたが、そのころすでに軍当局がUFOの実情に精通していたことが分かっている。それは広島と長崎に原爆が投下された翌年だ。

パロマー天文台に出入りしていた科学者や軍関係者が「月面にUFOの基地があるので、その実態を天文台に撮影するよう頼みに来た」と述べていたからである。それは天文台の近くでアダムスキー関係者が開いていたコーヒーショップに立ち寄ったサンディエゴ近くの海軍電子工学研究所の所員と将校だ。

彼らはここで、操作性の良い小型の天体望遠鏡をアダムスキーが使っていることを知ると、ついでに同様の依頼をしている。

アダムスキーはその後、月面を背景にしたUFOの撮影に成功して、関係者に送ったものの、返答はなかった。

この当時すでにUFO調査機関としてプロジェクト・ソーサーが設立され、一般からの情報収集を行っていたが、マスコミなどに対しては、今日と同様にUFOの存在についてはまったくの無反応な態度だった。

さて問題は、その五年後にパロマー山系東側の砂漠地で起きた最初のコンタクト事件で、UFOが着陸し、降りてきた宇宙人とアダムスキーが対面しているとき、その上空を多数の軍用機が飛び回っていたことをどう解釈するかである。

最初、巨大な葉巻型UFOが上空に出現して、三十分ほどかけて着陸地点までアダムスキーたちを導いていたが、その直前に一機の軍用機がすでに真上を通過している。

常識的には、サンディエゴの海軍レーダーがUFOをキャッチして、スクランブル（緊急発進）をかけてきたと判断すべきだが、葉巻型母船が現れたときにはすでに、その周りを多数の軍用機が飛び回っていたのだから、レーダーがとらえてからでは間に合わなかっただろう。

だから、その二カ月後に始まる市中でのコンタクト事件で、当局に差し向けられた科学者がそれに立ち会っていることを考えると、最初の砂漠で起きたコンタクトのスケジュールも、当局が宇宙人たちから聞いていた可能性を否定できない。

では、アメリカ当局はいつごろからＵＦＯや宇宙人について情報を持つようになったのだろうか。

このアダムスキーの最初のコンタクト事件の十年前に、アメリカ軍はロサンゼルス上空に現れた巨大なＵＦＯ群に対し発砲事件を起こしている。もう真珠湾攻撃の後で、兵士たちは日本軍が現れたと勘違いしたようだ。

カリフォルニア州の各地で数時間にわたる停電騒ぎとなる中、数十機のＵＦＯ編隊が目撃され千四百三十発の高射砲を打ち上げたと新聞で報道された。一九四二年のことだ。

この前後の第二次世界大戦中には、世界各地の戦闘機によって「フーファイター（幽霊戦闘機）」と呼ばれた正体不明のＵＦＯが目撃されている。

写真⑥　ロサンゼルス上空に出現したUFO。無数の光点は高射砲の爆発。UFOは照明の中央にある

さらにさかのぼるなら、その五十年前には、全米で正体不明の高速で飛び回る奇妙な形の飛行船が出現したことがあった。着陸したときに搭乗者が地球外から来たと言ったという報告もあった。これはライト兄弟が飛行機を飛ばす数年前のことだ。

これらの正体がなんであったのかを当局が知っていたかどうかは定かではない。たとえ一部の人間が分かっていたとしても、なにも公表されてはいない。

しかし、よく考えてみると、情報収集は行われたであろうし、そのデータは存在しているはずである。

第三章　宇宙人との交流を阻害する者

●知られていない意外な現実

青い空と輝く太陽に象徴される南カリフォルニアは、本当に気持ちの良い所だった。

ここを舞台に、美男美女の宇宙人たちが登場して繰り広げられたアダムスキー物語の大要は、幸い日本でほとんど翻訳出版されていたので、知りつくされたものと私は思っていた。

その遺志を引き継いで活躍していたハリーたちも、同じように極めて賢明な宇宙の友人たちと手を取り合って、想像もできない素晴らしい活動を展開しているのだと思っていた。ところが、そういう美しいイメージとはまったく異質な現実に、彼らがたびたび直面していることに気づいた。

そのことこそが、ＵＦＯと宇宙人問題のさまざまな謎を解明するカギとなっていく。

それはカナダのある都市で講演会を開いたときだったという。あからさまな妨害を受けたのである。またハリー自身もその町を通ったとき、執拗な検閲を受けていた。「あそこには連中がいるんだよ」と言うのだ。

その言葉には一種の憎しみのようなものを感じた。あるいは嫌悪感といったらいいかもしれない。

「連中」とは誰なのか。

以前アダムスキーもこの町で講演をしたときトラブルに見舞われ、その直後に三冊目の著書を書き上げているが、宇宙人の忠告で出版を中止している。そこにはおそらく「連中」のことが記されていたのではないかと思われるのだ。

その後、ドキュメンタリーとしてアダムスキーが書き上げたシリーズ三冊目の本『さらば空飛ぶ円盤』には、世界講演旅行の際に受けたさまざまな妨害活動について書かれている。オーストラリア、ニュージーランド、イギリス、オランダ、スイス、イタリアなどを六カ月間に渡って旅行し、講演会を各地で行ったほか、マスコミのインタビューを受けたり、国の元首などと会見しているが、ときどき集会で騒乱が起こされていた。

一部の聴衆が突然大声をあげたり、何かをたたいて騒音を出し、ひどいときは花火やクラッカーまで使われた。有力な証拠となるＵＦＯ実写映画の上映は強力なライトのために中止され、同席していた警官は何もしなかったという。翌日の新聞には実情とは異なった記事が書かれ、それが広く配信されてしまっていた。

このような妨害は計画的で、世界経済の中枢であるスイスで最もひどかったので、世界の経済システムを支配する勢力の仕業だとアダムスキーは著書に書いている。彼はその勢力をサイレンス・グループと呼んでいた。

なるほどそういうネットワークがあるとすれば、世界的なUFO問題の隠ぺい活動が行われる可能性が考えられる。

だが、私がカリフォルニアで聞いた「妨害している連中」とは、それとは異質なものだった。

●UFO出現で起きるミステリー現象のナゾ

経済的理由から、宇宙人の存在を隠ぺいするグループが存在するとしても、妨害活動の実態は、それだけで説明し尽くすことができない。

例えばMIBについてはどう考えればいいのか。

MIBとはメン・イン・ブラックの頭文字で、「黒服の男たち」という意味だ。

映画にもなったように、UFO問題に精通した連中で、目撃事件が起きると、いち早く現場に現れ、目撃者に威圧的な行動をとり、体験した事実を口外しないように迫る。そのタイミングはＵＦＯ出現をあらかじめ知ったうえで行動しているとしか思えないほど早い。だから、彼らがテレパシーなどの超常的な能力を使っているとか、地球人離れしたロボットのような言葉づかいだったりするので、地上のエージェントだと言い切るには無理があるといわれる。

このような不可解な存在が、ＵＦＯ事件の初期からつきまとっていて、その実態については今日も謎のままだ。

あるいは、宇宙人がすべてやさしい善意だけの存在だとする見方からすれば、イギリスの田園地帯などで起きているミステリー・サークルはどう説明すればいいのだろう。サークル出現に伴うＵＦＯ目撃は後を絶たないし、毎年発生する数と大きさ、そしてデザインの緻密さから、とても地元の農夫の悪戯《いたずら》だなどと言い切れるものではない。

そして、キャトル・ミューティレーション（家畜惨殺）は誰が起こしているのか。また、アブダクション（ＵＦＯによる誘拐）はどうか。

えたいの知れない何かが上空から起こしているこれら怪奇現象のすべてを地球の妨害勢力だけの仕業だとすることは難しいだろう。

それもそのはず、地球に入ってきている宇宙人は、いわゆる天使的宇宙人だけではなかったのだ。

ハリーたちは「火星人だ」と言った。

これは意外である。

知られているアダムスキーの著作類の中に出てくる宇宙人は、ほとんどこの太陽系惑星から来ている進化した人物として描かれ、火星人もその中に交じっていて、戦争や貧困、病気などとは無縁の理想的な生活を営む高度な精神性を持っていることになっている。金星はもとより、土星、木星、天王星、海王星などからも来た宇宙人が登場し、いずれも一体となって理想的な世界に住んでいるとある。

しかし、どうやらこれらの惑星群が、著作類で描かれたような一枚岩ではないということが分かってきた。

なぜこのことが日本でほとんど知られていないかというと、この活動が顕著になってきたのが、アダムスキーの最晩年だったからである。

それがスタートしたのは一九六三年だ。この年に何があったのかは後で説明するが、この期を境に、それまで宇宙人の提案で組織されていたアダムスキーの世界的な連絡網はズタズタになり、彼の活動は内部崩壊が始まる。

その一年半後にアダムスキーは他界し、彼の驚異的な体験の記憶は、人々から急速に消えていくことになった。

ハリーが渡米したのはその五年後で、アダムスキーを消し去った妨害活動の冷めやらぬ一九七〇年のことだ。

このころハリーだけでなく、何人もの青年たちが日本から渡って、アメリカの関係者に接触し、そこで何が起きていたのかを見聞している。私が聞いた彼らの帰国談は、いずれもハリーの体験を裏付けていた。しかし、その内容は日本で語られることはなかった。

このころのＵＦＯに関する一般的な理解度といえば、単に進化した宇宙人として救世主のように理想化してしまった読者と、攻撃的なＵＦＯ事件にだけ注目する懐疑的な研究家たちが主流で、そのはざまにある微妙な問題、例えば宇宙人たちの意図とか、政府当局の思惑などが絡んでくると、聞く耳のある人は少なくなる。これは今日でもあまり変わらないのかもしれない。

●善意の宇宙人活動を妨害する勢力

友好的な宇宙人たちと提携したアダムスキーに対し、不可解な妨害活動が顕著になってきたのは、二度目のヨーロッパ講演旅行のときである。

「不可解な」妨害工作という意味は、UFOの動力のように、ただで無限のエネルギーが普及することを経済的な理由で拒否しようとするサイレンス・グループや、それに連動するCIAのような政治組織とは言い切れない活動ということだ。

それら既存の組織の妨害は、前に述べた講演会場で起きた騒乱のように、最初のヨーロッパ講演旅行ですでに起きていた。また、それより以前に、最初の体験談を出した際に、その著作権を高額で買い取ろうとして、アダムスキーの口封じをしようとした情報機関があったように、それまでに起きていたことで、首謀者の正体が何であるかは見えていた。

だが、一九六三年五月から六月にかけ、一カ月ほどかけて行われた二度目のヨーロッパ講演旅行のときから、その正体が見えなくなっていく。

アダムスキー自身でさえ事情が分からなくておびえていたと、その場にいたスイスの協力者ルー・ツインシュタークは、テモシー・グッドとの共著に書いている。

それまでサポートしてくれていた宇宙人たちのメンバーが「入れ代わってしまった」とアダムスキーが青ざめた顔で言うのを見て、鳥肌が立って全身に悪寒が走ったと彼女は述べている。「いずれ彼らの意図はわかると思うが……」と言いながらもアダムスキーは明らかに狼狽《ろうばい》した様子だったという。


接触していた宇宙人の面々がときどき入れ代わったことはそれまでもあった。各地を移動したり、ある期間が過ぎたりするとメンバーは変わり、新しい宇宙人が担当することがあって、そんなときは以前なら多くの援軍に取り囲まれたかのように、アダムスキーはうきうきしているくらいだったが、このころからなにか異常な動きが始まったのだ。


二度目のヨーロッパ滞在で最も重要なことは、当時のローマ法王ヨハネス二十三世にバチカン宮殿で謁見《えっけん》したことであろう。

バチカンに行くことは前から決まっていたことではなかった。

ヨーロッパに着いてから宇宙人が指示してきたことだった。

最初、デンマークのコペンハーゲンに着いたとき、ホテルのドアの下から宇宙人の警告書が投げ込まれた。「今回は逆宣伝によるトラブルが起きるのでフィンランドへ行ってはいけない」と書かれていた。

そして、その翌日に一人の宇宙人が直接投宿していたホテルの近くに現れ、法王に手渡してもらいたいという封書をアダムスキーに渡している。

ここまでは、友好的宇宙人によるサポート活動だったが、ローマへ行く途中、スイスのバーゼルに立ち寄ったときから、別のグループの宇宙人が近づいてきたという。

このタイミングは、非常に重要な意味を持つ。

時は一九六三年五月である。

●史上最大の事件が起きる

まず、その前年の一九六二年は、人類史上最大の宇宙人による地球介入事件がほぼ完了した年だったのだ。それは第三次世界大戦の回避だった。

しかし人類の大量殺戮《さつりく》、あるいは最悪なら地球人類絶滅の危機を招きかねない状況を防ぐために、必死で活動する地球内外のメンバーたちに生じてくる危険性が高まっていた。

そして翌一九六三年五月三十一日、ローマ法王はアダムスキーから宇宙人の手紙を受け取り、同時にその返事として二通の書簡をアダムスキーに授けているのだが、その二日後にバチカン内で死亡してしまう。

アダムスキーは「法王は殺されたのだ」と言っている。

何があったのだろう。

そのとき法王がアダムスキーに託した二通のメッセージとは、当時のアメリカ大統領ジョン・F・ケネディとソビエト（旧ロシア）の首相ニキタ・フルシチョフへの書簡だった。

このころはまだ東西冷戦時代の真っただ中で、米ソ二大国の対立は非常に厳しい状況にあった。その二つの国の元首に法王は何を伝えようとしていたのだろう。そして、その書簡の伝達に宇宙人はどうかかわっていたのだろうか。

実はローマ法王に会う前年の一九六二年三月二十四日に、米空軍の秘密基地になっていたカリフォルニア州デザート・ホット・スプリングに着陸した巨大な葉巻型UFOの船内で、ケネディは宇宙人に会見しているのである。

間もなくやってくる国際政治の重大局面について、ここで宇宙人が警告したと思われるのだ。つまり第三次世界大戦の危機である。

この約半年後の一九六二年十月にあの有名な「キューバ危機」が起きるのだ。

空軍基地でのケネディと宇宙人の会見を半年前にアレンジしたのがアダムスキーだった。

そして、ケネディが乗り込んだ葉巻型UFOにはアダムスキーも同行していた。

大統領は着陸していた船内で数時間の会談を終えて地上に出たが、アダムスキーはそのまま離陸し、土星に向かった。このときの宇宙旅行については、いわゆる「土星旅行記」として残されたが、その中にはケネディの名はなく、「アメリカ政府の一高官」とだけ記されている。

旅行記によれば、九時間で土星に到着し、それから四日間にわたって各惑星の代表者が出席した太陽系会議などが開かれたとなっている。


この土星旅行から帰ったアダムスキーは、すぐにホワイトハウスのケネディ大統領の所に、土星会議からのメッセージを持っていった。

その手紙には、半年後に起きるキューバ危機でケネディが、キューバに持ち込まれたソ連のミサイル撤去を宣言する期日が書かれており、いわば近未来の核ミサイルによる第三次世界大戦の危機を避けるためのスケジュールと方法が示されていたのだ。

いよいよそのとき一九六二年十月になると、ソ連がアメリカの目と鼻の先のキューバにこっそりミサイル基地を建設していたことが発覚し、ケネディ大統領は十月二十日に海上封鎖を決定し、二十四日に封鎖作戦が開始された。

これに対し、キューバのカストロ首相は二十六日、ソ連に核による先制攻撃を土張する。この際「結果がどんなに恐ろしいものでも、帝国主義の危険を、この際永遠に除去するために、核戦争が起き、キューバは地上から消えうせると確信した。その前にわれわれは国を守り、喜んで死んでいく運命だと心は決まっていた」と後に述べている。

このときフルシチョフは和平を望むが、ソ連軍は交戦を決定していた。

マクナマラ米国防長官は混乱する状況の中で、「二十七日の夕日を見ながら、来週の土曜日には、この夕日を生きて眺めることはないのではないかと思った」と回想している。

しかし結局、二十八日にソ連は、米国のキューバ不可侵と引き換えにミサイル撤去を提案し、アメリカがこれを受諾して危機は回避された。

核を使う世界大戦とは、人類の絶滅を意味する。この危機を回避した半年後に、米ソに対する感謝と、更なる平和への願いを、ローマ法王は宗派を越えた宗教指導者として両首脳にメッセージを出したのだ。

しかし、アダムスキーがその伝令役をする意味は何かといえば、地球の平和と存続に配慮した宇宙人の関与があったことになる。

その文書の内容は非常に重要な意味があるので、後に詳述したい。

この時点においても世界はまだ本当の平和にはたどり着いてはいなかったし、課題は残されていた。

東西冷戦は、その後もベトナム戦争をはさみ、ベルリンの壁崩壊まで二十八年の歳月が費やされることになるからだ。


以上のように、ローマ法王へ宇宙人のメッセージを持っていったとか、ケネディ大統領が葉巻型UFOに乗船したことがあったなどということは、一般の常識からすればとても信じられないことだが、それぞれに関しては、はっきりとした立会人などの証言と物的証拠が存在している。

バチカン訪問の際には特殊なメダルがアダムスキーに授与されているし、ケネディの件では、アメリカの政府と軍のあらゆる機関に出入りできる最高位のIDカードをアダムスキーが持っていたことが明らかになっている。いずれについてもその筋の専門家が確認しており、明確な裏付けとなっていて、これを無視することはできない。

もう一つ付け加えるなら、ケネディが乗船した土星の巨大母船が着陸したホット・スプリングという米軍の秘密基地は、現在の基地リストには出ていないが、パロマー山の北北東にデザート・ホット・スプリングという盆地があり、周囲から見えにくいこの場所に古い軍事施設の跡があることを、ハリーは突き止めている。

●別の宇宙人とは何者か

かくして、ローマ法王が死の三日前に、アダムスキーが持っていった宇宙人からの手紙の返書としてケネディに手紙を出したわけだが、その半年後には、ケネディ大統領自身もダラスで銃弾に倒れ、暗殺されてしまう。一九六三年十一月のことだ。

これら重要人物たちの死は何を意味するのだろう。

宇宙人が地球の絶滅を救った大恩人だとすれば、その活動を妨害するようにみえる勢力とはなんだろう。

ハリーたちは「火星人だ」と言ったが、それも宇宙人だ。いったいどういうことだろうか。

ローマ法王が死んだ三カ月ほど後、ケネディが殺される数カ月前のこと、ヨーロッパ講演旅行から帰って、ビスタの自宅で開いた月例セミナーの講演録に、アダムスキーの次のような言葉が残されている。

これはその正体を解く重要なカギになる。

「火星人の八〇パーセントは、地球人が火星に来ることを望んでいない。だから地球上でさまざまな試みを混乱させている……」

この発言からすると、地球に対し好意的な火星人は二割しかいないのだ。

だから多くの火星人が地球に来て、何か好ましくないことをしているということになる。

「地球人が火星に来ることを望まない」ということは、われわれの宇宙開発における惑星探査などは妨害するだろうし、結果的にわれわれが宇宙に乗り出すことを阻止するはずだ。要は地球人を警戒しているからだろう。

だが、アダムスキーが接触した初期の宇宙人勢力は、地球の宇宙進出を積極的に後押ししようとしていたのだから、ここには決定的な意見の相違がある。つまり、地球を宇宙に開国しようとする一派と、鎖国したままにしようとする連中がいるということになる。

このような状況に関しては、太陽系内の惑星間をめぐる歴史的な背景が存在するようだ。ケネディあてのメッセージが出された土星で開かれた太陽系会議で、地球の過去について説明があったとアダムスキーは『土星旅行記』に書いている。そこには「過去に水星、火星、木星の三つの惑星が地球を裏切ったことがある……その三つの惑星間でも今日の地球各国間に見られるような激しい意見の相違が発生し、それぞれが支配のために地獄と悪魔という宗教的な恐怖の概念を地球に持ち込んだ……」と記されている。

なんだか地球を巡る争奪戦のような様相だが、そのような背景を現在も引きずっているのだ。

そこで、私が気になったのは講演録にあった「火星人が……地球上で……混乱させている」という部分である。何をどのように混乱させているのかということだ。

その質問をビスタのアダムスキー関係者にしたとき、出てきた答えは次のようなことだった。

「火星人は木星人の流れを受けて、オカルトを使い、地球でさまざまなことを混乱させている……」という。

「さまざまなこと」とは、宇宙開発だけでなく、政治、経済、文化なども含むだろうし、講演録にある「さまざまな試み」ということになれば、それらの建設的努力に水をさすという意味になっていく。

その目的は、地球人を宇宙の実態から遠ざけ、地球から出さないということで、宇宙的な文明の進化過程から切り離そうとしているということになる。

このことを私が聞いたのはもう三十年も前のことだが、UFO現象を追究するうえで、じつに重要な要素であることが最近になって分かってきた。

初期のころからUFO事件には、マインド・コントロールのような精神的影響が伴う説明のつかない事例が多かったし、近年になってからは、宇宙開発や惑星探査を調べたレポートや、エジプト考古学などにまつわる報告に、オカルト現象が濃厚に影響していることが明らかになってきたからだ。

これは現在のUFO問題に極めて深刻な状況をもたらしているが、その実情に言及していく前に、ケネディやローマ法王が果たした地球崩壊の危機を回避する時点までの宇宙人介入の経緯をもう少し追究し、宇宙人が何を考えていたかを説明したい。

第四章　歴史は宇宙人の活動と連動する

●地球救済を先行させた宇宙人の意図

アダムスキーが宇宙人たちと交流する前から、当局がすでに宇宙人と接触していた可能性があるということは前にも書いたが、その宇宙人がどういう立場にあるかは、当局内の部署によって異なっているようだ。

例えば、何度にもわたって著作物の権利を買収されそうになったあげく、体験内容を否定するようアダムスキーは脅迫されていたことがあった。もちろん、そんなことは断り続けていたのだが、ある夜、就寝前に二人の男が侵入してきて彼を外に連れ出し、体をロープで縛って車で走り回り、数キロも離れた所に放置したという。朝方になって血まみれで帰り着いたのだが、夜になって別の二人の男が来て「昨日、ＣＩＡが危害を加えたが、私たちＦＢＩは、そのようなことがないようにあなたを守ります」と話したという。

この事件の背後に直接、宇宙人が関係しているとは言い切れないが、二つの組織は、アダムスキーと宇宙人の問題をよく承知したうえで、宇宙人たちの意見の相違を反映した対極の立場をとっているように思われる。場合によってはいずれも宇宙人だったかもしれない。あるいは当局の担当者にもさまざまな立場の人間がいるということにもなる。

政治や経済界などにはさまざまな主義主張を持つ団体が関連し、その立場を代弁するような活動が実施されていく。当然そういった意向に応じて宇宙人たちも接触を図っていかざるをえないだろう。極論を言うなら、平和か戦争かにつながっていく。

最初、宇宙人たちは地球の人類が核爆弾をもてあそびだしたことに危機感を持ったのだ。初期のUFO出現は、ニューメキシコなど核実験場の近くに集中しているからだ。

太陽系の評議会が、やがて地球がその危険な時代に突入していくことを察知したのは、二十世紀に入って間もなくだった。

キュリー夫人がラジウムと放射線に関し、一九一一年にノーベル賞を受賞したころである。

この時代は、第一次世界大戦でおびただしい犠牲者があったうえ、スペイン風邪で大量の死者が出ていた。またイギリス軍はエルサレムからオスマントルコを追い出し、これをきっかけに今日のテロ活動につながるパレスチナ問題が始まる。いっぽうロシアでは、皇帝の家族全員が共産主義者によって虐殺され、全体主義国家が登場しようとしていた。ここで未来の最終戦争が想定されたに違いない。

宇宙人たちが地球人類に向かって警告を発したのである。

写真⑦　光とともに現れた聖母を見た三人の牧童

　一九一七年五月十三日の正午ごろ、場所はポルトガルの寒村ファティマ郊外の丘陵地帯。

　三人の子どもが羊飼いの牧童としてそこを通りかかる。

　突然、天頂にさしかかっていた太陽をしのぐほどの閃光が走った。子どもたちは雷だと思って逃げ出したが、ひいらぎの木の下で輝く光に包まれてしまう。その光の中から一人の女性が現れ、子どもたちに語りかけた。

「私たちは天国から来ましたが、これから続けて六回、毎月の十三日に同じ時間にここに来てください。そして十月には、私が誰であるか、また何を望んでいるかをお話ししましょう」

その場で会話を交わしたのは十歳で年長の少女ルシアだった。

やがて光の女性は「完全に縦にまっすぐ飛び去って」光の中に消えていった。

たちまち「聖母様が子どもたちのところにご出現なさった」といううわさが広まる。人々は六月十三日を待ちわびた。

その日には、うわさに興味を持った五十人ほどが三人の牧童と共にひいらぎの周りに集まった。そしてまたもや太陽のような光球と淑女が出現した。ルシアと女性の会話は十五分ほどだったという。

七月になると集まってきた群衆は七千人にもなった。八月は一万八千人、九月は三万人、十月の最終回は五万人とも十万人ともいわれる群衆がヨーロッパ中から押し寄せてきた。

「正午になると、雨がやんでそのあたりだけ陽が射してきた。すると突然、太陽がふるえ始め、グラグラ動き出した。そして燃えさかる車輪のように回転しながら、四方にありとあらゆる色の光を発したため、地面や樹木や群衆が幻想的な色に染まった……」と、当時の新聞記事にある。

●最初に動いたのはローマ法王庁だった

事件は月を追うごとに拡大した。新聞が取り上げ、教会が調べ出し、いわゆる「聖母出現」として、うわさは広まっていった。そして教会が最も重視したのは、牧童が聞いた聖母からのメッセージである。

それは三度目の出現である一九一七年七月十三日のときに「秘密の預言」として牧童たちに示されたものだった。

のちにルシアが手記として奉納した「聖母の言葉」を、一九四二年にイエズス会司祭ダ・フォンセカが公表した内容をもとに要約してみよう。

「秘密は三つの異なった事柄から成り立っていますが、互いに密接に関連しているとのことでした。

このうち二つは公表していいが、三つ目は、（一九六〇年まで）秘密のままにしておかなければならないと言われました。

秘密の一つ目は、今の戦争（第一次世界大戦＝一九一四〜一八年）は終わりに近づいているということ。

二つ目の秘密は、もしその後人々が神にそむき、罪を犯し続けるなら、次の教皇（ピウス十一世＝一九二二〜三九年在位）の在位期間中にもっとひどい戦争（第二次世界大戦＝一九三九〜四五年）が始まるということでした。

そして三つ目は、やがて不思議な大きな光が夜空に輝くのを見るでしょうが、これは神の印であり、戦争と飢饉《ききん》が人類に振りかかる日の近いことを意味するのだそうです。

聖母様の願いは、ロシアの回心であり、それがなければ、たくさんの国や民族が滅びてしまうのです。

三つ目の秘密を語られたとき、聖母様の手から、一筋の閃光が大地を突き通し、一面火の海になり、その中を人の形が真っ赤に焼けた炭火のように炎と共に漂いながら、苦痛と絶望に絶叫している様が見えました。私は恐ろしさに全身がふるえました。

ですが、最後には聖母様のけがれなきみ心が勝利をおさめ、ロシアも回心し、地上に平和な時代がもたらされることでしょう」

このルシアの手記にある三つ目の秘密は、いわゆる「ファティマ第三の預言」として、多くの憶測を呼びながらも公表されなかったが、この「聖母の言葉」にあるように、その実体は「ロシアの回心」という言葉にすべてが含まれていることは明らかである。

もしその「回心」がなければ、一九六〇年以降に「多くの国や民族が滅びる」とは、聖母の手から現れた映像のごとく、核による世界的な戦争そのものとなるというのだ。核弾頭がひとたび放たれるなら、世界は何十回も絶滅するほどのミサイル網を張り巡らせているのが現状である。

しかし、「神の印が空に現れ……聖母の願いが勝利する」とは、この奇跡自体が、UFO現象とそれに連動する宗教的働き掛けを意図していたことになる。なぜなら天に出現したのはUFOだが、聖母の右の手にはロザリオがかけられ、その数珠の先端には銀色の十字架がついていたのをルシアたちは見ているからだ。

事件後、毎月の十三日には巡礼者が数万人は集まるようになり、やがて聖母の預言どおり、その場所に小さな教会が建てられた。

そして十年後にはポルトガル最大といわれた大聖堂の起工式が始まる。

現在、そこには全長八十二メートル、高さ五十メートルの聖堂と、聖堂前広場はバチカンのサンピエトロ広場の二倍の面積で百万人を収容できるという威容を見ることができる。

写真８：現在のファティマ大聖堂

聖母が第三の預言を解禁してもいいと言った「一九六〇年」とは、アダムスキーが政府当局と接触するようになった年であり、またキューバ危機が起きる二年前である。このタイミングは偶然ではない。

ルシアは、なぜこの年でなければいけないのかと聞かれたとき、「そのときには、もっと明白で理解しやすくなっているからです」と答えている理由はここにあるだろう。

事件が起きたころ、三人の牧童は読み書きができなかった。

三人のうちルシア以外は若死にし、彼女だけが生き残り、その後教会の孤児院で修道女たちに育てられる。やがてルシア自身も修道女となって、十年後にようやく聖母と交わした対話の一部始終を詳述する文書の作成に着手した。

一九三〇年、司教に提出した文書は、すぐにバチカンへ送付された。

以後、歴代の法王がこの文書に目を通しているが、第三の秘密の部分だけ別になっていて、これを一九六〇年に教皇執務室で開けたのが、アダムスキーから宇宙人のメッセージを受け取ったヨハネス二十三世であった。

「その場に立ち会って部屋から出てきた枢機卿たちの顔は、まるで幽霊を見たかのようにショックを受けて呆然としていた」と、UFO研究家のジャック・バレは自著に書いている。

●法王は聖母の警告を受け入れた

ファティマの奇跡現象後も、関係者へのUFO出現は続いた。

ルシアには、文書を記述するようになるまで何度か聖母が現れ、預言を確認させている。

また歴代の法王に対しては、バチカンの庭にUFOが出現し、ある場合は着陸して、宇宙人と会見するにまで至ったケースもある。

例えば、第二次大戦中在位していたピウス十二世は、一九五〇年にファティマの奇跡を公認した「聖母被昇天の教義」を正式な信仰箇条として宣言した日の直前に、四度にわたって宮殿の庭でファティマと同様の遭遇体験を持ったと証言している。これはテデスキーニ枢機卿署名入りの記事としてローマで刊行された。

アダムスキーと会見したヨハネス二十三世に至っては、一九五九年に数回の着陸事件があり、バチカン宮殿の庭などに楕円形の飛行物体が着陸し、その中から三人の宇宙人が出てきて法王と会話をしたと伝えられている。話の内容は、「神の子は宇宙のどこにも存在している」ということだったという。この事件を契機に「第二バチカン公会議」を開き、世界平和を実現するために全キリスト教の統一を図っていった。やがてこれが東西冷戦の終結をもたらすことになる。

ファティマの預言によって宇宙人がバチカンに命じたのは、ロシアが起こす核戦争で人類が滅亡することを阻止せよということだった。

一九六三年五月にバチカン宮殿で、アダムスキーから宇宙人の文書を受け取るとき、ヨハネス二十三世はまず「あなたをずっと待っていた」と話しかけている。それから、こうべを垂れたアダムスキーの頭の上に手を置き、数分間祝福の言葉を与えてから、最後に「わが子よ、心配することはない、われわれはやれるだろう」という含みのある言葉を付け加えた。

だから、アダムスキーが退席するとき持たされた、アメリカ大統領ケネディとソビエト首相フルシチョフへの手紙には、「ファティマ第三の預言」が記されていたと私は考える。

のちに、イタリアの新聞に「ファティマ第三の秘密が一九六三年ころ、米国大統領とソ連最高指導者に知らされた……」というバチカンの高位聖職者バルドゥッチ師の署名入り記事が出ている。

また、ヨハネス二十三世がアダムスキーとの会見の三日後に亡くなってから、教皇の座を引き継いだパウロ六世は、第三の秘密の内容をすべての国家元首に知らせたともいわれる。そして、その在位中に開かれた教皇庁国際聖母アカデミーは、「ファティマにおける聖母の出現もお告げも、人類の歴史への神の超自然的介入であった」ことを認証したのである。

ローマ法王の戦争阻止活動は、この後ますます激しさを増していく。

ポーランドの民主化運動によって、東西冷戦が終結に向かっていったということは、意外に忘れられている。そして、この活動の陰にパウロ六世の存在があったことは、特に重要である。この法王は最も「聖母の預言」を対外的にアピールした人でもあった。

ロシアはこのころ、ベトナム戦争の後、初めてアフガニスタンへの軍事介入に踏み切り、カブールからカンダハルに進行していく。そして一九八〇年になると、ポーランドで、レフ・ワレサ率いる独立自主管理労組「連帯」が全国大会を開いて、民主化への第一歩を踏み出した。これにロシアが激怒したため、ワルシャワ条約機構による軍事介入の脅威にさらされることになる。

実は、パウロ六世は初のポーランド出身の法王だった。

のちに国民の直接選挙でポーランド大統領となる「連帯」のワレサは、パウロ六世の敬虔《けいけん》な信奉者で、穏健な政治姿勢を貫き、ソ連に対する「連帯」下部組織の暴走を食い止めていたため、軍事介入に至らなかったといわれる。

このような心情の裏には、ファティマ第三の秘密による「ロシアの回心」を目指していた可能性がある。

ワレサの「連帯」が着実に拡大することによって、ロシアのペレストロイカ（再改革）が誘発されたからだ。

ミハイル・ゴルバチョフが一九八五年にソ連共産党書記長になり、この民主化路線を進める。さらにグラスノスチ（情報公開）によって自由化が進み、社会主義国家の終焉が到来するのだ。

ベルリンの壁が崩壊したのは一九八九年十一月である。

不思議なことに、今日のゴルバチョフ財団が、実は宇宙人情報の影響を受けていたことが最近明らかになっている。

ゴルバチョフが政権についたころは、法王はヨハネ・パウロ二世になっていたが、この法王もまたこれまでになく世界平和のために各国を巡礼したことで有名である。そのせいか一度暗殺されかかったこともある。

一九八一年二月に来日したときには、広島と長崎の原爆碑を訪れている。

ところが、法王を乗せた特別機が広島の飛行場を離陸し長崎に向かって飛び立つとき、その周りに二機の小型UFOが出現した様子を報道のカメラがとらえていた。映像がニュースに流されたとき、それに気づいた人たちが通報したため、別のテレビ番組で詳しく取り上げられていた。

それは扁平の円盤型で、午後四時ごろの空に白く見えている。離陸した飛行機の前方に一瞬現れたあと、後方に一直線に飛行していく。と同時に機首の前方にもう一機現れ、遠ざかる法王を乗せた特別機を見守るかのように、そこにじっと滞空している様子が写されていた。

ベルリンの壁崩壊に至るまで、まだ十年近い歳月がかかるこの時期、宇宙人たちは地球の動向を無人の小型偵察ＵＦＯで注意深く観察していたに違いない。

この法王の基本的姿勢は、在位初期に宣言したように「第二バチカン公会議の決定を重視し、キリスト教、非キリスト教、無宗教にかかわらず、一致して世界平和に向けて神の言葉を成就すること」だった。神の言葉とは「聖母の預言」にほかならない。なぜなら法王は常

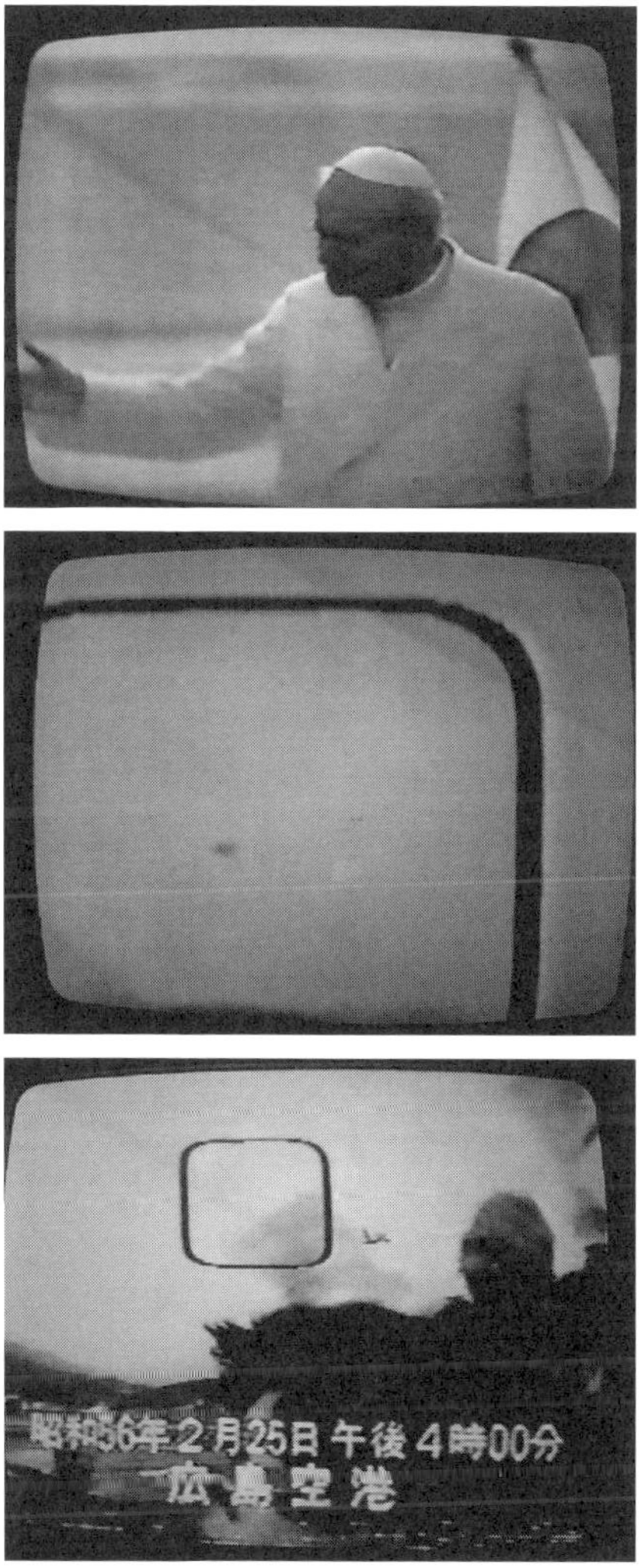

写真⑨・⑩・⑪　テレビ番組で指摘された法王搭乗機前後のUFO

に肌身離さず「第三の秘密」文書を持ち歩いていたといわれ、そのためハイジャック犯が法王に「ファティマ第三の秘密」公開を要求したこともあったほどだ。

●ソ連邦崩壊の空をUFOが飛び回る

ベルリンの壁が崩壊した半年後の一九九〇年四月、私はクレムリン前の赤の広場近くにあったホテルに投宿していた。

グラスノスチを引き継いで、世界マスコミ会議がモスクワで開かれ、これに会社関係者とともに出席したのだが、意外なことに、ロシア全体がUFO出現で騒然としていたのには驚いた。

おそらくはソビエト集団主義体制が引き起こすはずだった、核による人類の絶滅を防ぐめどがついたことに、宇宙人たちがエールを送っているように思えてしかたなかった。

そして、ホテルのフロントにいた案内の女性が「一カ月ほど前、あそこの窓を巨大な銀色のメタリックな円盤が通り過ぎていくのを見ましたよ」と言ったのにびっくりした。そして「郊外では連日、目撃事件が起きているそうですよ」とも言うのだ。

この時期に日本の新聞も、ソ連共産党中央委員会機関紙を引用して次のように報じていた。「モスクワ市北東郊外のハイウエー上で三月十二日以来、複数の大きな空飛ぶ円盤が目撃された。この空飛ぶ円盤に続くようにして直径約六メートルのパイナップル形のＵＦＯ群、ピラミッド形のＵＦＯ群、さらに皿を逆さにした形のＵＦＯ群の三種類のＵＦＯが上空を旋回し、これらを百人もの人々が目撃した。望遠鏡を手に屋根で数夜を過ごした人もいた」というのだ。まるで映画「未知との遭遇」のワン・シーンのようだ。

また、在日ソ連大使館が発行していた広報誌「今日のソ連邦」一九九〇年五月号では、このころの事件とさまざまな研究やＵＦＯ論を、カラー写真などを使い三十二ページにわたって特集した。

急増するＵＦＯ事件に対処するため、ソ連科学アカデミー会員や宇宙飛行士らによって、「ソユーズＵＦＯセンター」という国家的な研究組織がこの年の三月に発足していた。翌一九九一年秋に、私は再度モスクワやグルジアなどを訪れ、組織幹部との情報交換やＵＦＯ着陸痕が残る現地調査に赴いた。そして、多数のビデオ映像や写真、そしてスーツケースが壊れるほどの資料を入手して帰ることになった。全ソ連邦内に百六十八カ所のＵＦＯ研究組織が存在し、センターはそのすべてのデータをまとめていた。

この資料の分析から、ベルリンの壁崩壊の前後、ロシアは史上最大のＵＦＯ出現の年だったことが明らかになった。

一九八九年には、約四千件のＵＦＯ事件が発生し、六百件の着陸事件が起きていた。宇宙人との遭遇事件は百八十件もあった。

翌一九九〇年以降、一九九一年七月までで、千八百六十七件の事件があり、ＵＦＯの着陸が百七十三件、宇宙人遭遇事件が百二十一件となっていた。

滞在中にモスクワのＵＦＯ資料展示会場で、私はセンターの代表者ウラジミール・アザサ博士と共に宇宙人遭遇体験者の一人、日曜画家のワシリー・マルイシェフ氏にインタビューすることができた。

彼は一九八九年七月二十五日に、モスクワ郊外のソンネチノゴルスク村の草原でスケッチをしていたとき、人の気配を感じて振り向くと、銀色の円盤型物体があり、そこから三人の人間が歩いてくるのが見えたという。

三人のうち、真ん中の一人は女性で、近づいてきて「一緒に旅行しましょう」と誘ってきた。それは頭の中に聞こえたのだが、びっくりしてすぐに同意はしなかった。だが、彼女が肩に手をかけたとたん恐怖心が消え、応じてしまう。

一時間半ほど円盤に乗って飛行した際、三つの月がある惑星を見たという。

また宇宙船の中で、死んだ友人に似た人物に会ったとも語った。

「調査では、現場に相当の重量の物体が残した明確な着陸痕があったことが判明しています」と博士は補足してくれた。画家は自分の体験を何枚もの絵にして残していたが、それらは日本でソ連大使館広報誌などでも紹介された。


さらにこのころ日本のテレビや新聞が、ソ連国営タス通信が報じた次の事件をさかんに取り上げていた。

一九八九年九月二十一日から十月二日にわたって、南部ロシアのボロネジ市で、町の公園に三回以上UFOが着陸し、中から現れたロボットのような生物が子どもたちや市民、警察官などによって目撃されたという事件だ。

ソビエツカヤ・クルチューラ紙の現地特派員は次のように報じている。

「彼らが目撃した異星人は身長が三メートルくらいあり、銀色のオーバーオールをファッショナブルに着こなしていた。足にはブロンズ色のブーツをはいている。……着陸したUFOから、先ほどの異星人が仲間を伴って出現した。その後ろから、小型のロボットらしいものも姿を現した。……異星人たちはいったんその場から立ち去ったが、ほどなく引き返してき

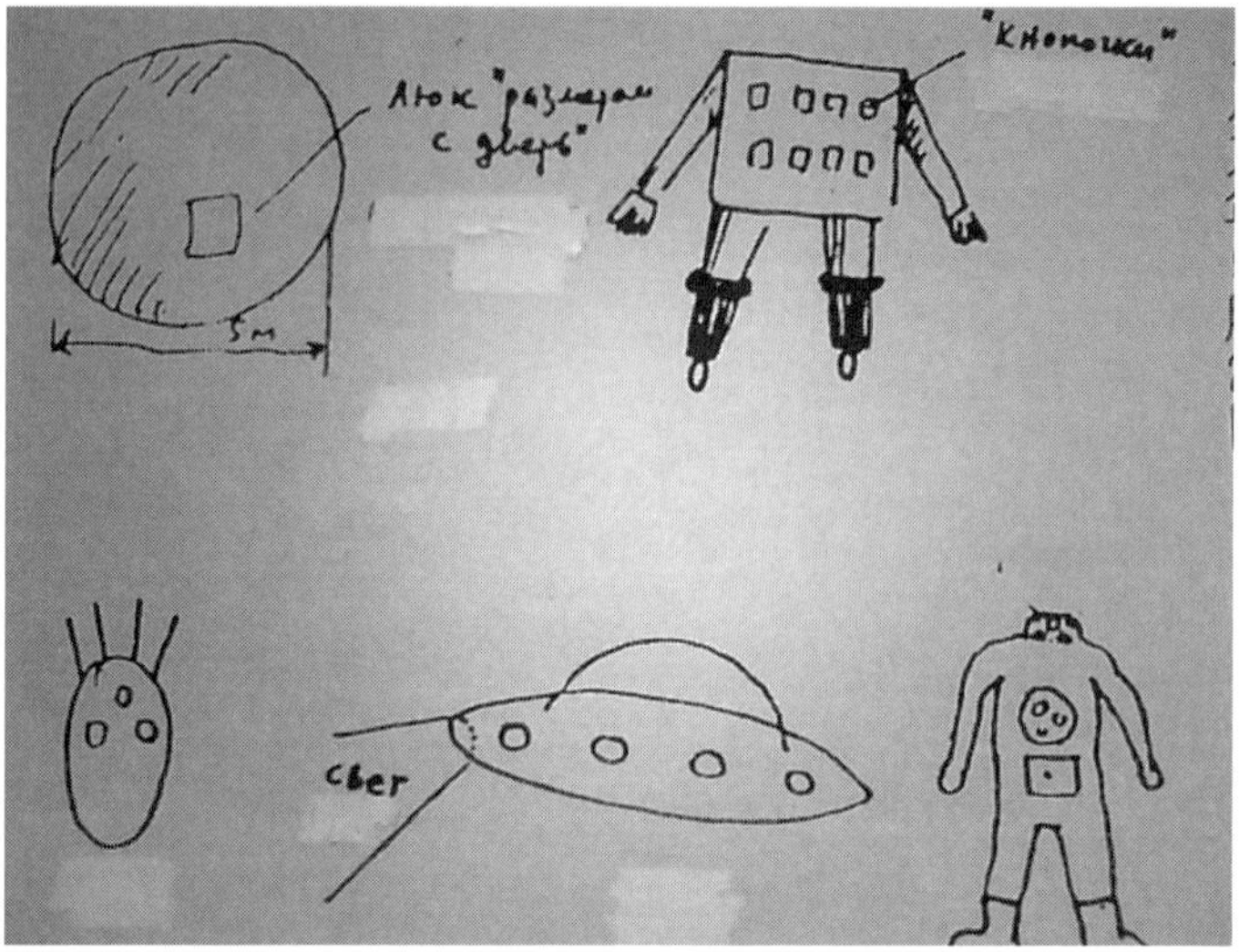

写真⑫　目撃した子どもたちが描いたUFOや宇宙人のスケッチ

た。そのとき長さが五十センチほどのチューブ状のものを構え、近くにいた十六歳の少年に向けた。すると少年の姿はまるでかき消されたかのようにその場から見えなくなってしまった。だが、異星人たちがＵＦＯに乗り込んで飛び去ったとたん、その少年は元どおりに姿を現した……」

この事件に関し、地区民警は「絶対に錯覚ではなく、飛行物体はものすごい低空を高速で音もなく移動した」と証言しているし、地元の物理学者や生物学者によって構成されたボロネジ異常現象研究セクションは「公園には着陸痕がはっきりと残っていた」と報告している。

そのほか、さらに私が入手したテレビニ

ュースの映像資料には次のようなものがあった。

一九九〇年四月三日の日中に、ドミトロフ通り北地区で市民多数が上空を横切る葉巻型UFOを目撃していた。ゆっくりと飛行していくその巨大な長細い物体の下には三つの小さなUFOが飛び回っている様子がとらえられている。

また、夜の十時二十分ころに、モスクワ市内十三番地区の環状道路上に着陸したUFOを、パトロール中の一九四番警察署員が目撃したという、その現場の状況をテレビが取材している。

UFOの出現事件は、ロシア全域からキルギスやコーカサス、そして東欧にも拡大し、さらにフィンランド、デンマーク、ドイツ、ほかの北欧諸国でも頻発し、ついにはEUの本部があるベルギーで最も多く現れた。

このことは、宇宙人たちがヨーロッパの統合に関心があったことを示している。

ベルギーでのUFO出現は、多数の市民によって目撃され、多くのビデオ映像が残されている。UFOの大きさは、サッカー競技場ほどもある巨大なものから三十メートルくらいのものまで、報告はさまざまだが、シルバー・メタリックで三角形の形をしており、その各頂点に白い光があって、中央に赤い光の点滅が見られる。

空軍もテレビで公式に事件とのかかわりを発表した。

戦闘機がＵＦＯを追跡したのだ。

一九九〇年三月三十一日午前〇時三十分、スクランブル発進したベルギー空軍のＦ16戦闘機二機が同時に、ブリュッセル上空三千メートルで機上レーダーによってＵＦＯをロックした。次の瞬間、ミサイルを回避するかのように、ＵＦＯは二秒間で高度四百メートルまで急降下したかと思うと、時速千八百二十キロメートルでジグザグ飛行を行った。この状態は人間が耐えられる加速度をはるかに超えていた。この様子は三カ所の地上基地レーダーもとらえていたので、公式にＵＦＯに遭遇したことを軍は記者会見で認めた。


ロシアから発生したＵＦＯウエーブ（集中的発生）はこの年、ついにドーバー海峡を越えてイギリスで奇妙な現象を起こす。

ミステリー・サークルだ。

クロップ・サークルともいわれ、麦畑などの上に円形のパターンが形成される現象である。

一九九〇年以前はほとんど明確な図形にはならなかったし、出来る数も少なかったが、この年から非常に幾何学的なパターンが形成されるようになった。そして数が百個から多い年は五百にも達し、その大きさも百メートルを超えるようになった。

一時年配の老人二人が自分たちで作ったと名乗り出たが、その大きさと数をこなすことは無理で、以来、二十年経過している現在も毎年出現している現状を説明することができない。

一九九〇年から一九九一年当時、日本でもこの現象がひと夏に五十件以上も起き、関東近県の現場を私自身調査したことがあるが、出来たばかりのサークルを早朝観察したとき、現場の植物が折れずに曲がっていたなど、物理的に一般人がいたずらで作れるものではないことを確認している。またＵＦＯの目撃が伴っていたケースも複数あった。

第五章　火星勢力の大逆襲

●地球への内政干渉になったのか

冷戦の終結によって、核が使われる世界大戦の危機を乗り越えたとき、ロシアやベルギーで明らかに地球外の宇宙船がやって来たと思えても、それは国際的なコンセンサスにはならなかった。イギリスもミステリー・サークルがなぜ出来るのかについては全くノーコメントだ。

近年、イギリスやカナダ、フランス、デンマーク、エクアドルなどがUFOの極秘文書の公開を行ったが、いずれも事件の報告だけで、その正体を追究した結論はあいまいである。UFOに関してはすべてがいまだ謎のままだ。

なぜなのか。それでいいのか。

地球人は、宇宙の真相を受け入れることができなかった。

一九六〇年に、宇宙人たちは地球がファティマの預言を理解できるようになると思っていたからこそ、それを公表してもよいとルシアに告げていたが、ローマ法王庁は公表には踏み切れず、地球の危機を救うことはできたものの、それを敢行した宇宙人の存在を認めるまでに至らなかった。

このような地球社会の宇宙認識に対して、宇宙人たちは地球に立ち入り過ぎたと判断したのだろうか。彼らの目的であった核による地球の文明崩壊を防ぐことができたこの段階で、方向修正を行ったように思われる。

それまで交流を図っていた宇宙人たちが交代していったからだ。

なぜこのような状況が生じたのかについては、一つの政府の方針が説明する。

「進化した宇宙人の存在は、地球にとって危険である」という判断だ。

この文書が提出されたのは偶然にも一九六〇年である。

アメリカ政府のシンクタンクとして名高いブルッキングス研究所がNASAの高官に出したレポートだ。

「もし火星などの惑星に高度な文明の痕跡が発見されたり、地球外の進んだ知的生命体の存在を公表した場合、最も危険な集団としてあげられるのは、この事柄に冷静さを失って非科学的に恐怖心を持つ人、また逆に霊長類として単独に人間が地球に存在していると考えている科学者たちである……」

正体の分からないものに対しては、容易に恐怖心が生じてくるものだし、現代の科学常識を超えた現象が現れれば、特にその分野の専門家にとっては悩みの種になるだろう。進化した宇宙人の存在を公表することは、多くの分野で極めて重大な混乱が生じてくることが予測されるというのだ。

そして、この場合の混乱とは「知的水準や行動様式が地球人類と酷似した生物が発見された場合、世界の文化的価値観や人々の意識に大きな影響を起こす可能性がある……」と、NASAに提出されたレポートは明示している。

要は宇宙人の存在を公表することは非常に危険であるという結論だ。

そして、この結論は「今後の国家的意思決定の基礎とすべきだ」と書かれている。

このレポートは、軍や政府の専門家、そして数百人の科学者の意見をもとに作成されたといわれている。

基礎となっている学術的な根拠は「宇宙法」であった。

宇宙空間の航行に関し、国連などで国際的な法制度として宇宙法は形成されてきたが、この学問は「異星人とのコンタクトの際の行動規範」と定義されており、地球外知的生命体との遭遇に関して追究されている。

前に述べたように、当局がＵＦＯと宇宙人に関し相当量の情報を保持していて、その対応に関し広く学問的な研究を先行させ、徹底せざるを得なかったからである。

研究項目には「地球以外の知的高等生物との接触の際にとりうる政策」というのがあり、次のように分類されている。

科学的・技術的に劣った文明との接触
・最小限の安全と勢力圏政策
・信託統治政策および最終的パートナーシップ
・直接国際管理
・最小限の干渉政策
・信託統治機構あるいは直接の国際管理機構内での権限分担とそのコントロールに関する技術
・特別利益のコントロール

科学的・技術的に同程度の文明との接触
・可能な予備協定

・地球文明との統一への処置
科学的・技術的により高度な文明との接触
・地球文明を孤立させ保護観察する
・地球外文明からの恒常的除外
・圧迫を含む除外
・勢力均衡の可能な役割

ここで、最後にある「高度な文明との接触」のところを見ると分かるように、進化した宇宙人が現れた場合は「地球文明を孤立させ保護観察する」となっていて、その意味は宇宙人と交流すべきではないということが分かる。

なぜこのように高度な文明との接触に消極的なのかというと、文化人類学的な歴史観からいって、「未開の文明は、近代化の進んだ社会に駆逐される」という歴史的な事実から導かれている。アメリカ大陸のネイティブな文化は、ヨーロッパからの新大陸移住によってほとんど衰退してしまっている。このような例は、歴史上例外がないほどだという。

唯一、日本民族は例外といわれ、明治維新や第二次大戦の敗戦における対応は特殊で、異文化の吸収に成功しており、これを見習って宇宙の高度文明に対応すべきだというアメリカの公文書があるのは興味深い。

日本民族に関するこの文書は一九六四年の国家安全保障局（ＮＳＡ）の秘密報告書で、情報自由化法で出てきたものだ。

●隠ぺい政策と宇宙人との秘密交流

宇宙人の存在やその高度な文明について、いまのところ一般大衆に関心を持たせてはいけないというのが、当局の基本姿勢なのだろう。これは相当徹底した方針になっているようだ。

元国連広報官が公表したＵＦＯに関する公文書の中に、やはり同じ国家安全保障局が一九六八年に出している「ＵＦＯの仮説と生存問題」という論文がある。その五～六項に次のような記述が見受けられる。

「一部のＵＦＯは地球外知的生命体と関係がある……この仮説は多数の将来にわたる人類生存問題を暗に示している……大きく異なる文化水準の二つの集団が対立した場合、劣性または弱い文化を持つ人々の方が、悲劇的な主体性の損失を被りやすく、一般に他方の人々に吸収される……この脅威を隔離し、緊急事態行動のもとにその正体を明らかにし、最小限の時間で十分な防衛措置を固めること……」

とはいえ、「宇宙法」という学問が導き出している考え方は、地球だけでなく、宇宙全般に及ぶ自然の法則でもあるだろう。

だから、これだけUFO事件が起きていながら、地球文明そのものを揺るがすような侵略や介入が起きていないのは、そういう理由があるからなのではないか。つまり、先進宇宙文明から来ている人種は、むやみに介入しないということが原則になっているだろうということが考えられる。

しかし、よく見てみると、「同程度の文明との接触」の場合は「可能な予備協定」とか「地球文明との統一への処置」となっていて、ある程度の交流の可能性があることが示されている。

要は文明差の程度の問題ということになるのだろう。あまり差がなければコミュニケーションが成り立つというわけである。

江戸幕府はよく考えたもので、鎖国をしながら、長崎の出島で外国との貿易を行っていたが、そのような条件の範囲内だったからであろう。

同じような状況が宇宙に関しても考えられる。

私自身、この情報に直接触れたのは一九九二年五月のことだった。情報機関に近い人物が「アメリカは火星と交易している」ということを話してくれたのだ。場所は出張先のニューヨークの南にあった軍港に近いホテルだった。出所の詳細は省くが、信頼のおける情報だということは分かった。

数カ月前に軍のレーダー網に何度かUFOがとらえられ、そのUFOとのコミュニケーションが始まったという。担当部署は前出の国家安全保障局である。相手は火星からで、UFOは地球の「土」を持ち帰ったという。それはレアメタルのような鉱石なのか、食物栽培のための土壌のようなものなのかは不明だった。

「交易」というからには土の代償があったのだろうが、それが何だったのかは確認できなかった。ただ、そのとき聞いたことの中に、そうした交易によって増加する目撃事件に対処するため、マスコミへの情報操作としてUFOの映画製作を発注したという件があった。映画のイメージはUFOによる地球侵略といった内容で、宇宙人を地球の文明以下に描こうということだ。一致団結して地球を守るという機運は、大衆操作としては極めて妥当だろう。

受注した映画会社の名前もそのとき聞いていたが、その会社が後に制作した作品がテレビシリーズの「Xファイル」と、映画「インデペンデンス・デイ」だった。

この政策を指示したのが当時の副大統領だということをそのとき聞いたが、この人物は、のちに「われわれが火星に行くのは、そこに水が存在するからだ」と発言し、物議をかもしたことがある。いずれにせよ、国の予算がこのようなマスコミ操作にも使われているということになるだろう。このような状況は現在も続いている。

●地球の運命は誰が決めるのか

地球の文明を安全に保つために、UFO情報の扱いは極めて慎重に行われている。それを徹底させるためには、核戦争によって人類が全滅する危機を、太陽系評議会が防止したということは完全に抹殺しなければならなかった。

そして、最も表面に出ていたアダムスキーを葬り去る必要があった。なにしろケネディを巻き込み、バチカンの活動を補強する宇宙人との仲立ちをした人物であり、もしこの事実が一般に広まった場合は、地球の文明の屋台骨となっている宗教と科学を根こそぎ破壊する可能性があったからである。その揚げ句、宇宙人を神格化するなど、依頼心が生まれる危険性もあった。

いっぽう宇宙人側は、第二次大戦で核爆弾が使用されてから、いっきょに地球接近を試み、ロズウェル事件をはじめ、核実験場への偵察飛行を増加させ、イギリスが原爆実験を開始し、アメリカが水爆実験を始める一九五二年には、アダムスキー事件をはじめとした、アメリカ全土へのUFO出現があったあと、首都ワシントン上空に連日連夜UFO編隊を送り込んだ。

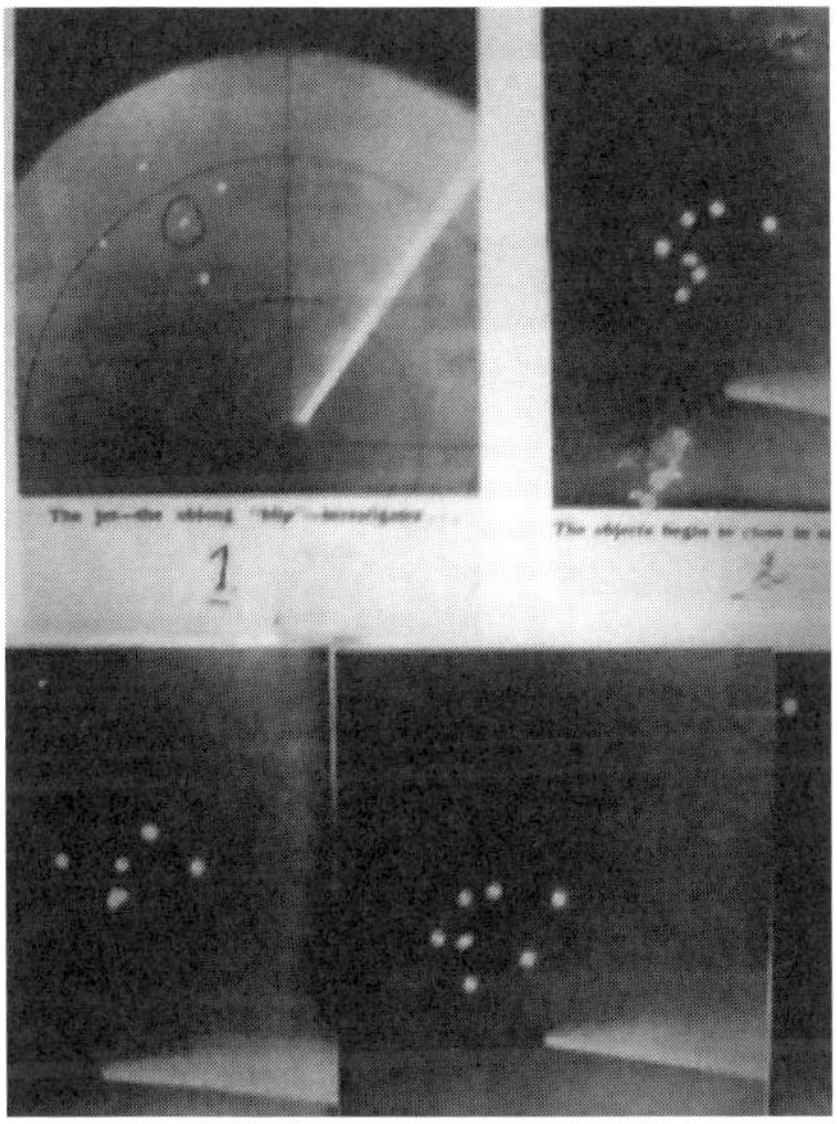

写真⑬　1952年・首都ワシントン上空のレーダー写真・六個の丸い光体がUFOで、間に挟まれた一個の米粒のような扁平物体がジェット戦闘機

そして、一九五四年にはヨーロッパ全域でUFOの目撃と着陸事件が発生した。北アフリカから北欧にかけて百万人もの目撃者が出て、二百件以上の着陸事件が起きた。これは一九九〇年のロシアのウエーブに匹敵する。このためついに、一九五五年に地球側は「宇宙開発宣言」を四大国が発布せざるをえなかった。このときから各国共同の宇宙開発がスタートしている。

彼らがそこまでやった理由は、そこまでやれば「聖母の預言」を一九六〇年には解禁できると踏んでいたからであろう。

だが、地球はそれを受け入れることはできなかった。核による地球文明の全滅を防ぐという最低限の目的は達したのだから、ここで地球当局と太陽系評議会の両者は、方針を変更し、調整を図ったのではないだろうか。つまり、高度の宇宙文明を地球に導入することを延期しようということだ。ただ、太陽系評議会が満場一致で決めたかどうかは疑問が残るところだ。その後の火星主流派と金星や土星系と連合している火星反主流派の動きが完全に一致していたわけではないからだ。

ただし、地球が使う大量破壊兵器に対しては介入が続行されたようで、核戦争の危険が切迫していた一九六〇年前後に、世界の軍事基地でミサイルなどの施設に対するUFOによる激しい警告行動が見られた。例えばケープ・カナベラル宇宙基地（一九六一年）やヴァンデンバーグ空軍基地（一九六四年）では、接近したUFOが核弾頭を持ち去ったり、基地全体の電気系統をダウンさせたりしている。同じようなケースがロシアのリュビネクにあるミサイル基地（一九六二年）や原子力砲の工場（一九六一年）でも起きている。またブラジルのイタイプ要塞（一九五七年）もそのケースかもしれない。しかし、いずれも犠牲者が出ていない。

ともかく、この段階で、必然的に地球に接近するようになった勢力が火星人だった。地球人を地球に封じ込めておくという意図は、地球当局にとっても火星主流派にとっても合意できる条件だからだ。

地球当局とは、単に某国政府とか軍の情報局ということにはならない。極めて多岐に張り巡らされたネットワークの特殊な集団で、UFO問題に精通しているといわれ、あらゆるところに影響力を持っている。また、その中に火星主流派宇宙人がいるということは十分考えられる。

火星主流派は精神的には未熟で寛容性がないようだが、メカニックなテクノロジーにおいては反主流派と同等であろう。この太陽系の中で宇宙船を最初に開発したのが彼らだともいわれているからだ。

地球上で火星主流派の活動が顕著になってきたのが、一九六二年にキューバ危機が終息したころからである。

翌年にローマ法王に会見してからのアダムスキーを取り巻く状況は実に過酷になっていく。そしてキューバ危機を防止した反主流派が追い詰められていくような事件さえも起きてきた。

この状況が最もはっきり現れている事件がメリーランド州シルバー・スプリングで起きた。法王会見の翌年にケネディ大統領が暗殺され、その二カ月ほど後のことになる。有力な味方が次々とこの世を去っていく中で、それでもアダムスキーは軍や政府要人との交流を続けるために首都ワシントンの近くに滞在していた。彼が宿泊していたシルバー・スプリングの家は、ホワイトハウスからはほんの十キロほどのところにあり、車で数十分もかからない。

実はこの時期、アメリカ議会の下院議長が宇宙人問題を議員に公開しようとしていたのだ。そのためにアダムスキーのＵＦＯムービーを使うことを予定し、その状況は地元のテレビ局でも取り上げられていた。

数日後にワシントン記念碑の上空に十五機のＵＦＯ編隊が現れて飛び回るという事件が起きた。ちょうど帰宅途中の政府職員多数がこれを目撃し、ちょっとした騒動になったが、この様子もそのテレビ局が放送した。一九六五年一月十一日のことだ。

このような動きに促され、上院科学委員会も宇宙人問題を取り上げるよう委員長が指示を出している。さらに委員長はアダムスキーに「宇宙人に会わせてもらえないか」とまで言い出した。

宇宙人を連れていくことは無理だったが、この状況にこたえるために、宇宙人たちがＵＦＯ接近遭遇のチャンスをアダムスキーに与えることにした。説得力のある最新のＵＦＯ映像を残そうとしたのだ。


早朝、アダムスキーの滞在先に一人の宇宙人が現れ、「この家の上空にＵＦＯが飛来するから、ムービー・カメラで撮影する用意をしておくように」と告げ、また「ここに来る途中で副大統領を見かけた」とも言った。上下両院の動きを察知し、護衛を連れてハンフリー副大統領自身が見回っていたのだろうか。

このときの宇宙人たちは、明らかにアダムスキーたちの政府への働き掛けに期待を示していたことは確かだが、何かあわてている様子が感じられる。彼らははっきりとした出現の日時を告げていないからだ。


だが、ＵＦＯの飛来は、その日の午後三時過ぎに突然始まった。

ダイニング・ルームの窓の外に一機のＵＦＯが揺れながら接近してくるのが見えたかと思

写真⑭　ロドファー宅の庭に接近したアダムスキー型UFO

うと、家の前にグレーの車が止まった。中から出てきた三人の男が家の中に入ってきて、「彼らが来た。撮影しなさい」と言うのだ。まさにアメリカ人と見分けがつかない宇宙人たちだ。

あまり慣れていない新品の八ミリカメラと古い十六ミリカメラが家にあって、それで家主のロドファー夫人とアダムスキーが、何とか手分けして撮影した。

ＵＦＯは二〜三十メートルまで接近し、丸窓の中に人がいるのも見えたという。十分ほど庭の上空を上下したあと急速に上昇して消えていった。このころ外気は氷点下だったので、皆いったん家に入ろうとしたら、またＵＦＯが戻ってきて、今度はほんの数分間だったが、屋根すれすれまで下降してその機体の細部までをさらしていった。

そして、その場にいた地上の宇宙人たちが帰るときに、最後に言った言葉がある。

「これで終わったが、もう二度とこんな危険なことはできないよ」


何に対して「危険」なのだろう。

考えられるのは、軍による攻撃であろうか。その場所はホワイトハウス上空の航空禁止エリアになるからだ。また情報機関に連携する火星人の関与も十分考えられる。

一般的にUFOは、動力の性質から、機体の周囲に電磁場の保護膜が形成されており、そのため、光の屈折などから半透明になったり形がゆがんで見え、明確な形として写真にとらえることができないといわれる。だからこのとき良質な映像を撮らせるためにそのエネルギーを減少させていたという。しかし、それだけで墜落するということではないだろう。

周囲からの攻撃がなければならない。それでなければ、地上に三人もの宇宙人を配置する必要はないように思われるからだ。彼らは撮影そのものに何も手を貸そうとしなかったといわれ、その任務は周囲の警戒にあったと考えられている。

事実、このとき撮影したフィルムは、現像所に預けた後、一部が抜き取られ、立体感の失せた貧弱な画面に取り換えられてしまっていることが判明する。

この日の動きを尾行していた情報機関の仕業だという推測があった一方、アダムスキーは、何かの事情で宇宙人がやったのかもしれないという発言をしている。明確な映像を与えようとしていた宇宙人と、それを妨害した宇宙人がいたということになる。

いずれにしても、地上にＵＦＯが近づくことが危険だったのだ。電磁的保護膜が弱いときに、地球の最新の武器がそのＵＦＯに使われれば墜落の危険がある。だから、宇宙人の「危険だ」という言葉の真意は、すでにこの時期には地球側の攻撃的な宇宙防衛体制が敷かれつつあったことを意味している。

●地上で巻き起こる反乱の嵐

接触していた宇宙人が入れ替わったころ、内部からも反乱の火の手が上がった。

実は、これらの動きには、宇宙の高度文明が地球にはまだ定着しにくいという現実が反映しているようだ。

アダムスキーの活動には二つの面があって、その一つは宇宙人たちとの交流であり、もう一つは宇宙的な人間の精神面の法則性について啓蒙したということだった。

宇宙人との交流体験を著した三部作は以前に取り上げたが、同じころに三つの哲学的な著書を発行している。最初に出版されたのは『テレパシー』で一九五八年に原書が出て、翌年、邦訳も刊行されている。私は高校一年の時にこれを手にして、ものの見方が変わった。その後『宇宙哲学』と『生命の科学』が出た。この二書は本来、テキスト的な形体で、章別のリーフレットになっており、巻末にテストがついていたりして、一冊の書籍にはなっていなかった。

いずれもすらすらと読み流せるようなものではなく、述べられている真意は行間を読んで、じっくり自戒して認識する必要があり、いわば言語思考を超えた意識性を説いている。私にとっては非常に有益だったが、人に説明するとなると、まず無理で、理解を普及させるまでには至らない。

もともとアダムスキーは、このような精神的な追究という面で一般的な理解を超えた背景があり、一九二六年ころから地元の教会やラジオ局などで解説をしていたが、結局この部分が疑惑の火種となってしまう。

反乱軍は、当然この部分を突いて、関係者の信頼を切り崩しにかかった。

ローマ法王に会う一年ほど前のこと、多忙になったアダムスキーは、グループの運営を手伝っていた青年に機関誌の発行などを任せるようになった。

　この人物は以前ヒューズ・エアウエストの技術者だったが、軍にいたときは情報局に所属し、カリフォルニアの催眠術師選考委員長や職業催眠術師協会の副会長などを歴任しており、アダムスキーが説いていた哲理にも深い理解を示していたからだ。しかし、その経歴は当局とのつながりを疑うことができるだろう。マインド・コントロールに関し、催眠にかかわる情報関係者は多く、アブダクション（ＵＦＯによる人間誘拐事件）の専門家はこの分野に属しているからだ。


　そして、ローマ法王ヨハネス二十三世と会見した一九六三年五月ころから、サポートしていた宇宙人が入れ替わっただけでなく、アダムスキーの身辺の状況に変化が生じてきた。世界各地に定期的に発送していた郵便物の紛失が起き、重要な手紙が届かなくなった。また、彼の手紙を代筆していた有能な秘書が生活上の理由で引退し、事務所の活動に混乱が生じてきた。

　さらに、定期刊行物の発行を取り仕切っていた青年が、アダムスキーの体験を否定する文書を九月になってばらまき始めたのだ。

「……宇宙人による粛清が始まった。アダムスキーは五月十三日をもって宇宙人から見捨てられてしまった。彼の周りには、もうかつての宇宙人はいない。最近、土星に旅行したなどと言っているが、それらは催眠術的な詐欺的手段によって起こされた虚構だ……」

しかも、「金星人とか火星人など、惑星に人間がいるということ自体に意味はなく、それらの呼称は単なる記号にすぎないことだ」などと発言した。地球以外のこの太陽系の惑星には生物は存在しないというこの時代の天文学的常識を信じる人には通用しやすい言い方だった。だがこれでは、まるでアダムスキーの体験すべてを否定するような内容になる。

この発言のようなことがあったかどうかを、イギリスのＵＦＯ研究家テモシー・グッドは引退したアダムスキーの女性秘書に会って質問したところ、「そういうことはありません。金星人や火星人の存在は真実のことでした」と彼女は答えている。

疑惑はさまざまな疑惑を呼んで、グループのネットワークはばらばらになっていく。特にヨーロッパの組織網はほとんど壊滅してしまう。そのメンバーは、ローマ法王やオランダ女王との会見を実現させたアダムスキーの世界講演旅行に協力した人たちだった。

怪文書によって仕掛けられた疑惑の数々は、それぞれの人の価値観に影響し、アダムスキーという人物そのものに対する信頼を損ねていくことになった。

例えば「土星へ行くのに九時間しかかからなかったというのはおかしい」と言うのだ。途方もない距離をそんな短時間で行けるはずがないということを多くの人が受け入れた。

そして関係者に対してアダムスキーは、自分が土星からテレパシーで送るメッセージを、メンバーそれぞれが受け取るというテストを行ったが、これをばかばかしいと感じる人もあった。また、「人間が生まれ変わり、前世の影響を受けるなどということはあり得ない」という人も多かった。

死んだアダムスキーの妻が金星で生まれ変わり、今は少女として生きていると宇宙人に言われ、彼女の家族に会うために、アダムスキーは一九六〇年にＵＦＯに乗せてもらって金星まで行っているのだ。ちなみに、この宇宙旅行には宇宙人Ｊが仲立ちしたようだ。

いずれの疑惑も、高度な文明におけるテクノロジーや精神的能力というものを考慮できない判断の表れといえる。あるいは、ドキュメンタリーとしての体験記三部作を読んでいても、テキスト的な哲学書の三部作を知らない人が多かったのかもしれない。人間の意識的能力の可能性について、それらの哲学書には多くのヒントが記されているので、もしそれらを読んでいるなら、既存の科学知識を超える現象だからといって、直ちに否定することはないはずなのだ。

第六章　接近する火星文明の実態

●火星の大衆は地球が嫌い？

この太陽系内の惑星にはさまざまな文明のレベルがあるようだが、惑星間の交流に踏み切れないのは地球だけのようだ。しかし、火星の八割の人口は地球と大差のない精神的レベルだといわれ、善意による地球との交流の意思がなく、地球には関心を示さないか、場合によっては地球の探査機が接近することを拒むこともあった。

ある時期、地球からの火星探査機が次々と消失したことがある。

米ロの火星探査は、一九六〇年から一九七〇年代半ばにかけ十年以上にわたって、二十回ほどの初期探査が実施されたが、まだ技術的問題が多く、失敗続きで成果は乏しかった。あるいは火星人の激しい妨害があったのかもしれない。

その後バイキング2号以降、十五年以上にわたってアメリカは打ち上げを休止していたが、私が米国情報関係者から「火星との交易が行われている」と聞いた一九九二年から、またマーズ・オブザーバーなどの火星探査機を飛ばし始めているのだ。これは偶然ではないだろう。

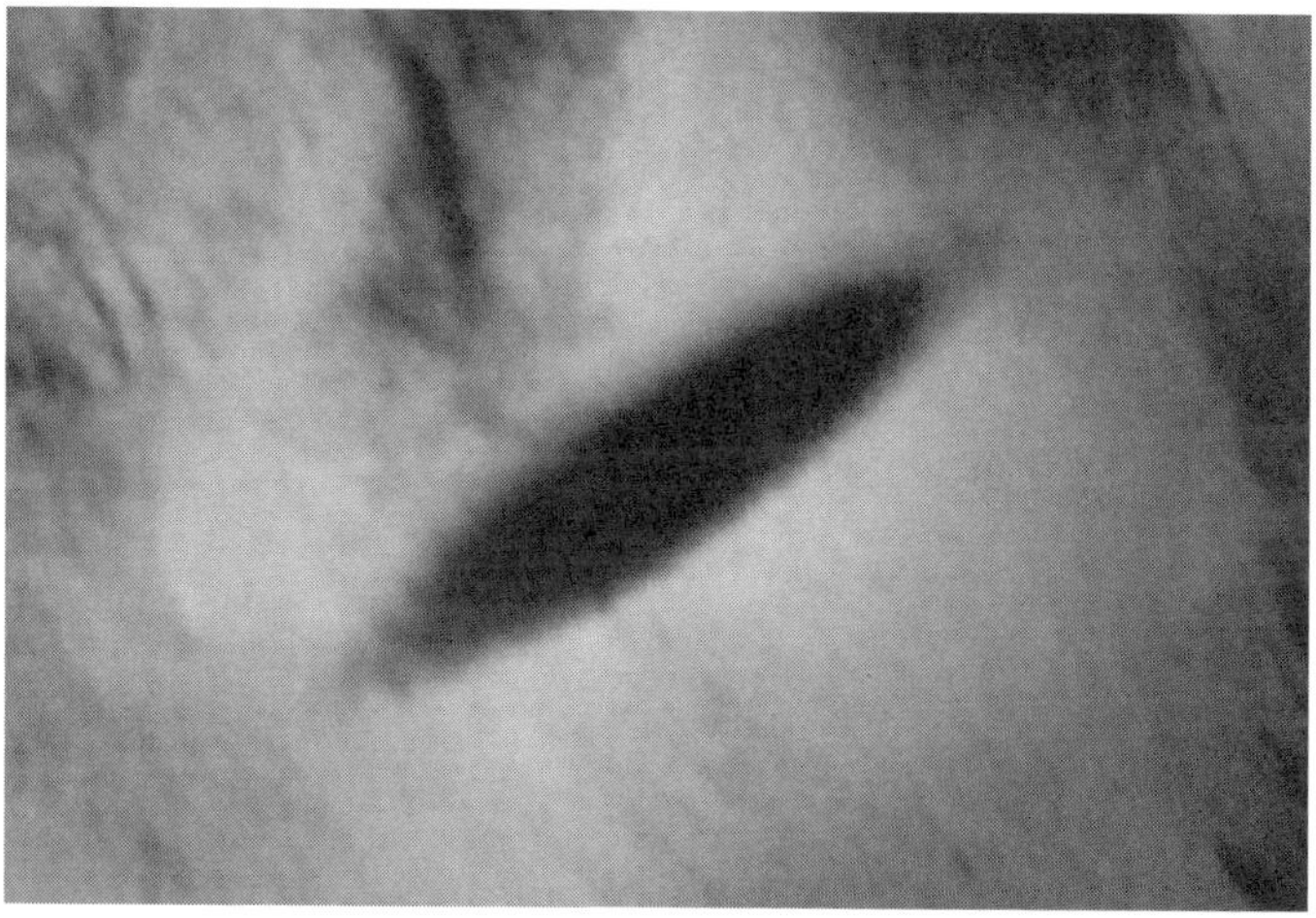

写真⑮　ロシアの火星探査機フォボス２号が通信途絶の直前に撮影したUFO（ソユーズUFOセンター提供）

いっぽう、ロシアも一九七二年のマルス7号以降十五年ほど休止していたが、一九八八年に単独で二機の火星探査機を打ち上げた。フォボス1号と2号だ。これは火星との交易の四年ほど前になる。だから火星側から拒否された可能性があるのだ。ヤブ・アンド・テイクはわれわれや火星の文明レベルの常識ということになるだろう。

二機は一九八八年の七月に同時に打ち上げられたが、二カ月後にフォボス1号が制御できなくなった。2号は順調に飛行を続け、翌年初めに火星の周回軌道に乗ることに成功したが、火星の衛星フォボスを遠くから観察した後、二機の着陸船を投下するために低空軌道に入ったとき、突然、何かの事故が発生し、通信が途絶えてしまう。

フォボス2号が火星に投下しようとしていた地上用の探査機は、着陸時に地表をかきむしるようなシステムを持つものと、高さ数十メートルもジャンプする大きな球形の探査機だった。これらはもし地上に建造物のようなものがあれば、それらを破損する可能性があっただろう。この危険性を回避するためか、火星人の妨害が起きたようだ。

伝えられた報道では、通信が途絶えたとき、探査機の赤外線カメラは火星表面の映像を地球に送っていて、直前に複数の紡錘型UFOをとらえていた。だからUFOの接近によって事故が起きたと考えられた。その際の映像がヨーロッパで公表され、「このように火星が偵察されるのを嫌って、火星からミサイルが発射されたのではないか」などと言われた。

このときアメリカ当局は、ロシア製探査機の事故の状況をSRV(科学的遠隔透視)によって調べているが、火星表面の施設から発射されたミサイルのような攻撃によって、ロシアの惑星探査機は破壊されたという結論を得ている。

これ以降、ロシアは火星探査を行っていない。

●火星文明流入の必然性

しかし、火星の大衆には、反主流派のような善意の地球介入とは別の、地球侵入の必然性があるようだ。

というのは、火星の近代史は地球によく似ているというのだ。地球と同レベルの文明の進化過程をたどっており、かなり以前に惑星全体の環境破壊を起こし、資源の枯渇に陥ってしまったという。その流れがまだ完全に修復されず、地球への難民が出ているともいわれる。だから現在、多くの人口が火星の気候に似ているオーストラリアや北米の砂漠地に近い都市に移り住んでいると聞いている。

もしこの事実を当局が把握しているとすれば、地球にとって宇宙防衛が必要だという理由になるだろう。

火星人とはまだ特定してはいないが、このような状況に対処する地球防衛の必要性を説いた書簡が、一九六〇年末にアダムスキーから一部のネットワークに出されたことがあった。

「宇宙船を持っていても精神的に地球より劣る種族があり、すべての宇宙人が天使だというわけではない。彼らが地球を攻撃してこないうちに私たち自身の宇宙船が必要である。宇宙での軍事訓練を受けた要員による地球防衛である……」

こうした状況が一九八〇年代にスタートするＳＤＩ（宇宙防衛システム）、いわゆるスターウォーズ計画に影響していくことになったようだ。

太陽系評議会は、独裁政治や専制政治体制ではないので、こうした火星の状況に対し、強制介入はしないようである。各惑星に軍や警察組織のようなものが存在している様子は見られないからだ。

では、地球へのこのような火星人の流入が、いつごろから起きているのかということになる。

ケネディ大統領が土星の母船に搭乗したとき、アダムスキーに示された「太陽系の歴史」の中にあった、地球の覇権をめぐる諸惑星間の混乱期は、おそらく旧約聖書時代以前、ちょうど古代インドの聖典に見られる天空で繰り広げられた戦闘の時代ではないかと思われる。「ラーマーヤナ」「マハーバーラタ」「リグ・ヴェーダ」など、五千年をさかのぼるインドの大叙事詩には、古代の神々と魔軍が起こした戦争が描かれているが、その中には空飛ぶ戦車やミサイルのような武器が登場する。もちろん高度な文明を持つ天界への訪問や神々の教えもその中には連綿と記されている。

下って、今から四千年ほど前、モーゼが登場する旧約聖書の出エジプト記の時代は、その修正期であろう。そしてこれは、古代エジプトのピラミッド建設が行われた時期でもある。

モーゼが引き連れて砂漠を流浪するイスラエルの民に、毎朝天からマナという食物を与え、腐敗を考慮して午前中に食べきるよう命じたり、十戒を授けた実体は何だったのだろう。

古代インドのような惑星間の混乱期は、宇宙戦争のような状況がみられ、地球への文化流入が穏やかに進む時期ではなかっただろうが、その後の修正期になって、火星文化がじわじわ浸透するようになり、例えばエジプト文明に影響を及ぼした可能性がある。


これは一九七六年に火星に到着したアメリカの探査機バイキング1号が撮影した人面岩やピラミッド群の発見につながっていく。

この火星映像に着目したのはNASAのゴダード宇宙センターに勤務する一人の映像専門家だった。当時の映像ソフトでは充分な解析ができず、新たにソフトを開発し、確認している。

その映像によって、火星のシドニア地区に存在していたピラミッド群や人面岩などが、エジプトのギザにあるスフィンクスとピラミッド群の配置に一致するということが次第に明らかになり、さらにスフィンクスと人面岩の人獣一体の共通性を指摘する研究者も出てきた。

これらエジプトの神殿群の建造に火星人の技術的影響がみられるとともに、その宗教的教義の中に火星文明のオカルト的魔術性があり、今日の宇宙開発の背後に深い影を落としていることが最近分かってきた。

●地球文明は宇宙人の影響を受けて現代に至る

古代エジプトのピラミッド建造からは、星の運行や高度な数学的知識に基づく天文学と重量のある石の建材を運搬して積み上げる建設技術があったことが明らかになる。

同様に、南米マヤのピラミッド建設やヨーロッパのストーン・サークルとか列石群にも共通した要素が感じられる。これらは当時の原始的な文明からすると違和感を抱かせ、何らかの高度な文明の流入を仮定したくなるが、いずれも文明はいったん途絶え、古代の高度文明の実態は霧の中にかき消えてしまった。

おそらく、古代エジプトはともかく、地球上の大半がまだ石器時代のなかにあって、火星人が流入していくことは、太陽系評議会としては、修正過程の段階では無理があると判断したのだろう。

例えば死海写本や聖書外典の「エノク書」には、二百人に及ぶ堕天使、つまりは地球への違法入植者の所業が記載されており、地上の娘たちと結婚してハイブリッドの巨人種を産んだとか、天文学や金属製武器の製法などを地上に堕落して降りてきて教えたといわれる。エノクは創世記に登場するアダムの子孫でありノアの先祖に当たるが、神と共に行動したようで、宇宙からの流入者に関係していたようだ。

旧約聖書時代の神々、つまりは宇宙人たちの対応から、さらに太陽系の歴史が見えてくる。三千七百年ほど前になるが、多神教と人種差別の激しいエジプトを逃れ、一神教を立てて放浪するモーゼを援助した、昼は雲の柱、夜は火の柱として現れた実体はＵＦＯだったのだろうが、何百人もの反乱者に対する爆薬や怪光線による殺傷、また、ぜいたくなささげものの要求など、けっこう荒っぽい対応をしている（旧約聖書・出エジプト記、民数記など）。その理由は、この時期が修正過程を模索していた期間だったからであろう。

そこで太陽系連合は、まずは文明の基本としての精神的規範を植え込むことが優先されるべきだと判断し、指導者として二人の人材を送り込んだのではないだろうか。それが二千五百年前の釈迦であり、二千年前のキリストなどだったのだろう。

今日もなお、この二人の存在が世界の大きな精神的支柱として残っている理由は何であろうか。

その業績の詳細は長い年月を経ていくなかで、誇張された奇跡や比喩的な表現の中にうずもれてしまったかもしれないが、これだけの長い間、人々に影響を与えることができた要素があったからであろう。それは宇宙的な背景と人間の進化にかかわる重要なポイントを抑えていたからだと私は考える。

釈迦は王族の恵まれた家に生まれたが、やがて成長して俗世間の生老病死の厳しい現状を見て悩み、瞑想を経て悟りの境地に達し、教えを説くようになったといわれる。

その教えは多くの経文として書き留められた。そしてのちに僧侶たちが命をかけて守り続け、また広く伝えられたそれら経典には、実は宇宙生命の深淵が秘められており、さらに彼の布教活動には多くの宇宙人たちが協力していたということが分かる。

例えば、彼は「阿弥陀経」で、太陽系連合体の宇宙人の世界を説いた。

「ここから西方に、十万億の仏の国土を過ぎたところに、幸あるところ（極楽）という名の世界がある。その世界には、限りない命と光の体現者である阿弥陀仏（無量寿如来）という仏が住んでおり、いま現に教えを説いておられる……」

つまり、その世界には現に仏が住んでいて、人々を導いているというのだ。

「その世界に住む生ける者たちには、身体の苦しみも心の苦しみもなく……　かの仏の命とその国の生ける者たちの命は限りなく、計り知れない……　その国土のことを聞く者は、かの仏の国土に生まれたいという願いを起こすべきである……」

私は、UFOに乗って金星に行ったというメキシコのヴィジャヌエバ氏を取材したとき、「その星には、病院も警察もない」ということを聞いた。病気も犯罪もない世界では、心身ともに健全で寿命も長くなり、まさに極楽浄土そのものといえるのではないか。

また、太陽系全体の惑星人口に言及していると思われる部分が、「大無量寿経」の後半に出てくる。

「遠照仏の国土には百八十億の菩薩がいて……」から始まって「無上華仏の国土……」まで、十二の仏国土に千四百六十四億人の仏がいるとなっている。遠照仏の国とは、最も遠い惑星のことであろう。

とにかくこの太陽系に十二の惑星があるということは、アダムスキーが宇宙人から聞いていて、その総人口が千四百四十億人だと言っていることは興味深い。釈迦の時代から現代までに二十四億人減少しているということになるのだろうか。

現代天文学における宇宙の知的生命体存在の確率は、ドレイク方程式などでいろいろ考えられているが、一から数百万個までさまざまで、まだ確定されていない。

しかし釈迦は「大無量寿経」で「ほとけたちの国々は、無数なること、ガンジス河の砂の数に等しく……　超人的な自在力と知恵とをきわめ、深き真理の教えを悟り……　われらの国土もこのようであれと願う……」

表現されている距離単位からいっても、それらの国々が地球上の場所ではないことは明確だ。

その仏国土では人種平等、知能育成、高速交通、生活必需品の生産、健康管理、建築技術の完備、高度な視聴覚設備などの十分な配慮がなされていると、非常に具体的に述べており、はっきりとそれらの世界を認識している。

テレビと思われる表現は「見ようと望めば、思うままに、よく磨かれた清らかな円鏡の中に映し出される……」とある。

「水浴は清く澄んで、さざ波を立ててめぐり流れ、静かにゆるやかに流れていく」とは、流れるプールだ。

「食事をしたいと思えば、食器が思いのままに眼前に現れ、それに百味の飲食物がおのずと盛られている」はレストランの自販機か。

「自然の徳風がどこからともなく静かに起こって、寒からず暑からず、暖かさと涼しさも適度で心地よく、また遅からず速からずに吹く……」はエアコンではないか。

さらに驚くべきは、いたるところにＵＦＯを表していると思われる表現が、出てくることだ。

「真珠など七宝で飾られた傘蓋を天から降らす」とは、空飛ぶ円盤の飛来ではないか。

「千の欄干と部屋を持つ宝塔が湧出して空中にかかった」とは、葉巻型母船の出現のように思われる。

これらが記載されている「法華経」の見宝塔品の中には「その獅子座に如来が座り……」となっていて、宇宙人が中にいたという意味にとれる。彼らは遠く仏国土から釈迦の説法を聞くためにそれらの宇宙船に乗ってやって来たというのだ。

こうしたいわれに基づく寺院や仏閣がアジア各地に建てられてきたのも、当時の宇宙的なイベントが本当に途方もない現実だったからではないだろうか。もちろんこれらの記述以上に、精神的な哲理や教訓が経典の中に述べられていることはいうまでもない。

いっぽう、キリストの存在は西洋の歴史に多大な影響を与えてきた。

彼は旧約聖書時代のさまざまな教えを、何らかの形で修正する目的でやってくることになっていた。

馬小屋で生まれたとき、東方の博士たちが星に導かれて到着したという。彼らはキリストの誕生を予告されていたのだろう。

博士たちは占星術師で、星の配置で気づいたという説もあるが、その時その場所に導いたのは、空を移動するUFOだったと考える方が当を得ていないだろうか。そうなると東方の博士たちとはコンタクティーだったことになるだろう。

私はロシアを訪れたとき、内紛が起きていたグルジアまで足をのばし、四世紀に建てられた初期バジリカ風の石造りの教会を訪れたが、その入り口に空を飛ぶ二人の天使に支えられた丸い物の中にキリストが描かれているレリーフを見て不思議な感じを受けたことがある。

また十字架上のキリストの背後の空に二つのクラゲ型をした物体の中に人の顔が描かれた絵もあった。グルジアの首都トビリシはエルサレムの東北方向にある。


キリストの生涯は、釈迦のような宇宙的なイベントに彩られているわけではないが、もっと根源的な姿勢を明確にしたように思われる。それは「目には目、剣には剣」ではなく「右の頬を叩かれたら、左の頬を出す」を示したということだろう。

その衝撃的な最後は、人の罪を背負って自分が死刑になるという形をとったが、それは肉体の死を超えた自己、つまりは魂の存在、強いて言えば、生まれ変わりの法則性に従ったということになるだろう。

　魂の転生は、釈迦もキリストも示していることである。

　実は、アダムスキーは「自分は前世、キリスト十二使徒の一人であるヨハネだった」と言っていた。そして一九六二年にデザートセンターで最初に円盤から降りてきた仮称オーソンという宇宙人に会ったのだが、そのときの宇宙人はキリストの生まれ変わりだったとも述べている。

「前世」だとか「生まれ変わり」などと言うと、とかく疑惑の種になりそうだし、「自分をキリストだと自称する人間は世界中に何千人もいるぞ」とも言われそうだが、火星の反主流派では、この問題は非常に重要なことだとみられている。だからこそ、宇宙人Ｊは、アダムスキーの亡き妻が金星に生まれ変わっていることを知り、その少女に会わせるために、アダムスキーを金星まで行かせたということは前にふれたとおりだ。

　火星の大衆は地球と同じで、まだこの問題をまともに扱うまでの精神的土壌が出来ていない。だからアダムスキー自身は、自分の前世についてはどこにも記述してはいないし、公的な場で発言もしていない。この辺のことは、私の研究仲間がアメリカの関係者たちに直接会って、詳細に聞き取りを行った結果、出てきたことである。

さらに言うなら、「アダムスキー自身、よちよち歩きのころに金星から地球に連れてこられ、オーソンとは金星で兄弟だった。だから彼は宇宙人をブラザーと呼ぶようになった」という証言もある。彼は一八九三年に両親に連れられてポーランドから移民したといわれているので、そのころ養子として地球に入ったのだろう。

近代に受け継がれた宇宙人問題の背景には、そのような精神的なバックボーンが横たわっており、われわれがそれら生命の深層を理解するのは、未来のテーマにほかならない。

●地球の近代化に必要だった火星文明

精神的な規範を与えたものの、先史時代の高度技術は失われたままで、原始的な経験則に基づく封建国家の社会形態だった近代までは、地球の文明はまだ混迷の中にあり続け、特に大衆の衣食住の生活環境は粗末で整わず、宇宙に関しても太陽と地球の位置を理解できない天動説の考えの中にあった。

ここで必要なものは、現象世界を充足するための知識だった。

この時期、地球への科学文明の植え付けを担ったのが火星人たちである。十四世紀にヨーロッパで始まったルネサンスの時代だ。

もちろんこれは太陽系評議会の判断だっただろうが、派遣された有志の意思が、純粋に地球の進歩のためなのか、地球移住のためなのかは判然としない。結局、彼らの多くにとっても何らかのメリットが必要だったはずで、宇宙人各自の意思にゆだねられたのだろう。だから主流派と反主流派の混成部隊ということになるのかもしれない。

というのは、ルネサンスの運動は単なる科学技術だけでなく、やがて民主化へ進んでいく近代社会のシステムが含まれており、これは金星系反主流派の仕事のように思えるからだ。

しかし、精神的能力の成長については持ち越され、現在のわれわれが火星の大衆と共にこれから直面していくテーマであろう。

ルネサンス運動の背後には錬金術があったことが知られている。これは単に営利を目的として金の人工製造を行ったというにとどまらず、近代科学の基礎となる広範囲な知識の構築が含まれていた。

その知識の源流には、大衆化したキリスト教からは隠された、古代の秘術的伝統が存在しており、その影響を色濃く反映している。

例えば最近、レオナルド・ダビンチが十六世紀に残した鏡文字の手稿が話題になったが、そこにはヘリコプター、戦艦、汽車、自動車、バイク、パラシュートなど、当時としては奇想天外としか言いようのない装置類がたくさん描かれていた。それらの発想の裏には、ダビンチ自身が古代エジプトの流れをくむエルサレムのテンプル騎士団の重要人物だったからだという説があった。

またガリレオと共に地動説を頑強に唱えて、火あぶりの刑で処刑されたジョルダーノ・ブルーノも、東洋聖堂結社のヘルメス学に強い影響を受けていたといわれる。

いずれも古代エジプトの魔術的秘教の流れである。

前にも指摘したように、火星の人面岩に象徴される火星人による古代エジプト介入の流れを汲んでいるのだ。

同時期に、占星術家でもあったケプラーが天体の楕円軌道法則を発見し、また単純な等比数列で火星の二個の衛星を予想したことで、後に空想小説「ガリバー旅行記」の中にジョナサン・スウィフトが二つの衛星の詳細な軌道について書いている。実際に火星の二つの衛星フォボスとダイモスが発見されたのはその百年以上も後であるにもかかわらず、スウィフトが書いた軌道が実際の二つの衛星の軌道と近似していたことは偶然とは思えない。

そして、ガリバーの同じ章に出てくる、直径が五キロ以上もある完全に円形の飛島「ラピュタ」は、金属製の底面で、何層もある回廊からなっているとか、その動力は「中心を貫く一本の磁気柱である」などという表現は、巨大なＵＦＯ、もしくは宇宙ステーションを思わせる。

古代エジプトに流れ込んだ火星文明は、火星シドニア地区で発見された人面岩やピラミッド遺構群に見られる物理学や数学、あるいは火薬の使用などを含む高度建築技術や天文学知識を持つ秘術として地球に伝えられ、エジプト神話に象徴的に残された。

ここでいう象徴的という意味は重要であろう。

それら秘教文書の中に数学の公理や方程式が記載されているわけではないからだ。しかし現実的にそれがなければ成し遂げられない結果が残っているということなのだ。

では、口伝で伝えられたのかというと、そうではなく、携わる人間の能力と特性、強いて言えば前世的な人間性に伴う共鳴によって生まれるインスピレーションのようなものだ。

例えば古代の神話には、とぐろを巻く蛇は生命力の象徴として表されるが、これは遺伝子構造の螺旋を意味しているといわれる。

魔術的な儀式などにより、こうした人間の直感的な知覚力が目覚めるのだが、宇宙における精神的進化から見ると初歩的なやり方で、弊害が多く見られる。現在の地球や火星はこの段階の中にあるようだ。

神話の神々は三千年以上に及ぶ古代エジプトの歴史の中でさまざまに変化しているが、基本的には次のような思想を持つ。

復活の神オシリスは、妻イシスによって生き返り、冥界の王となる。その子ホルスは人間の神であるが、太陽の神であるとともに火星の支配者ともいわれる。後のエジプト歴代の王ファラオはすべてその子孫とされた。

王の魂は、昼は現界の空を旅し、夜は冥界を船で旅をすると信じられた。つまり、魂の永遠性を考える上で霊界の存在を設定している。

また、夜の星座でオリオン座の近くにあるシリウスは、エジプト暦の基本とされていたことから、その星座の中央にある三つ星の配置が、エジプトのギザ三大ピラミッドや火星シドニアのピラミッド遺構の配置と一致しているといわれる。

さらに、古代エジプトの秘教では、プラトンがエジプトの神官の話として記したことに関連づけられるように、エジプトの神々は超古代のアトランティスからやって来たと信じられていた。そしてアトランティスは異星人によって築かれた高度文明だと考えられた。

エジプト秘術は、モーゼ時代の賢者ヘルメスが残した学問に集約され、その後の秘密結社や魔術集団の基礎となった。この流れがルネサンスから現代までも影響を与え続けている。

●近代における火星人の到着

火星人が地球上に公然と姿を見せるようになったのは、アメリカ合衆国が独立し、その国土を蒸気機関車が走り出した十九世紀のことである。間もなくライト兄弟が飛行機を飛ばそうという時代だが、まだ飛行機も飛行船もアメリカの空には飛んではいなかった。

当時の汽車の最高速度が六十キロだったから、「人間は時速七十キロ以上のスピードには耐えられない」と科学者が断言していた時代である。

宇宙から綿密に地球文化の発達状況を調べていた宇宙人たちは、地球人類に対する親愛の情を示すかのように、この時代を反映させた違和感を抱かせない形のＵＦＯをアメリカの国土の上空に出現させた。

一八九六年十一月、アメリカ大陸を横断するように、西はカリフォルニア北部に始まって、翌年四月、東のウェストバージニア州まで、強力なサーチライトを備え高速で飛ぶ「飛行船」が目撃された。これらの船団の目撃報告は数万件にも上ったといわれる。

操縦していたのは「人間らしき乗員」で、着陸した際には住民と会話を交わしてもいる。「自分たちは各地を旅行している」「これに乗ってまもなく火星に行く」「スペインによるキューバの植民地化には反対だ」「圧縮空気と飛行翼を使っている」などの会話が交わされていた。正式に公証人付きの記録を残したキャンザス州議会議員の発言として、当時の新聞に「内部にはかつて見たことのない奇妙な人間が六人乗っていた。二人の男と一人の女、それに三人の子どもたちだ。彼らはペラペラしゃべっていたが、われわれは一言も理解できなかった……」という記事がある。

また、牧場から牛を一頭吊り下げて持っていったとか、墜落して爆発したケースも一件ある。死亡した宇宙人の墓が残っていたが、残骸《ざんがい》と遺体は当局が持ち去っていることが、のちに判明している。

目撃した物体のスケッチを残したのは、アイアン・マウンティン鉄道の車掌をしていたジエイムズ・フートンである。一八九七年四月二十二日付アーカンソー・ガゼット紙に掲載された。

狩猟をした帰りにやぶの中を歩いていると、機関車の空気ポンプのような音がしたので、近づいていくとそこにうわさの飛行船があった。

……黒メガネをかけた中くらいの背丈の男が一人、船体の後ろで修理をしていた。「こんにちは」と声をかけて、「これが例の飛行船か」と聞くと、「そうだ」と答えた。そのうち、船の竜骨のあたりから三～四人の人間が出てきたので、その構造について質問したりしているうち、誰かが「準備完了」と声をかけ、全員が乗り込んでから、シューッという音を立てて浮かび上がり、船体を回転させたかと思うと、あっという間に視界から消えてしまった……という。

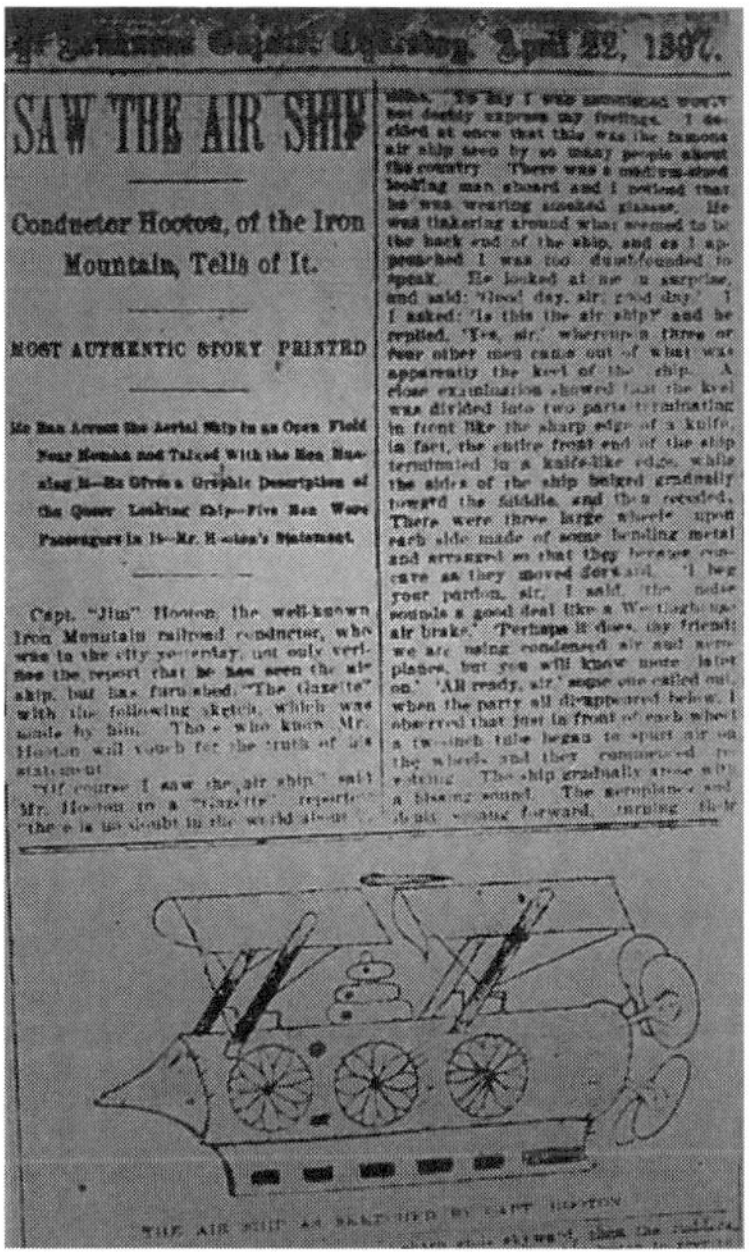

April 22, 1897.

SAW THE AIR SHIP

Conductor Hooton, of the Iron Mountain, Tells of It.

MOST AUTHENTIC STORY PRINTED

He Ran Across the Aerial Ship in an Open Field Near Homan and Talked With the Men Running It—He Gives a Graphic Description of the Queer Looking Ship—Five Men Were Passengers in It—Mr. Hooton's Statement.

Capt. "Jim" Hooton, the well-known Iron Mountain railroad conductor, who was in the city yesterday, not only verifies the report that he has seen the air ship, but has furnished "The Gazette" with the following sketch, which was made by him. Those who know Mr. Hooton will vouch for the truth of his statement.

"Of course I saw the air ship," said Mr. Hooton to a "Gazette" reporter; "there is no doubt in the world about ...

... To say I was astonished would but feebly express my feelings. I decided at once that this was the famous air ship seen by so many people about the country. There was a medium-sized looking man aboard and I noticed that he was wearing smoked glasses. He was tinkering around what seemed to be the back end of the ship, and as I approached I was too dumbfounded to speak. He looked at me in surprise, and said: 'Good day, sir; good day.' I asked: 'Is this the air ship?' and he replied, 'Yes, sir,' whereupon three or four other men came out of what was apparently the keel of the ship. A close examination showed that the keel was divided into two parts terminating in front like the sharp edge of a knife, in fact, the entire front end of the ship terminated in a knife-like edge, while the sides of the ship bulged gradually toward the middle, and then receded. There were three large wheels upon each side made of some bending metal and arranged so that they became concave as they moved forward. 'I beg your pardon, sir,' I said, 'the noise sounds a good deal like a Westinghouse air brake.' 'Perhaps it does, my friend; we are using condensed air and aeroplanes, but you will know more later on.' 'All ready, sir,' some one called out, when the party all disappeared below. I observed that just in front of each wheel a two-inch tube began to spurt air on the wheels and they commenced revolving. The ship gradually arose with a hissing sound. The aeroplanes suddenly sprang forward, turning their ...

THE AIR SHIP AS SKETCHED BY CAPT. HOOTON

写真⑯　現地新聞に掲載されたフートンのスケッチ

これらの飛行船の乗組員は日

ごろ見かけないまったくのよそ者だが、まさしく人間である。そしてサングラスをかけるなど、この時代に違和感のない服装をしていたし、船体の形もこの時代にありそうな技術を装っていた。この点は非常に地球の文明を配慮し、地球人との接触可能な設定を演出した計画のもとにやってきていたといえる。

いっぽう、乗船していた人間構成は、日曜ドライブの延長線のような家族連れもあり、あまり組織立った感じはしない。これはその後の世界各地で目撃されたＵＦＯ乗船員の人間構成に似ているところがある。しかし、テキサス州のオーロラという村では墜落事故を起こしていたようだから、単なる遊覧だと決めつけることもできない。

では、彼ら宇宙人はそのような飛行船に乗って惑星間を航行してきたのかというと、そうではなさそうだ。この時期の目撃事件の中には、数千メートルの高度を飛ぶ葉巻型や円盤型など、今日のＵＦＯと同様な発光体が背後に目撃されていたケースもあるからだ。

だから、あらかじめ地球着陸用の形をした船体を作って、それを巨大な宇宙船に搭載し、地球上空でそれに乗り換えて降りてきたのだろう。

この時期の北アメリカにおける奇妙な飛行船の集中発生は、ほんの半年ほどの間だけだった。他には着陸事件はなく、一八八〇年のニューメキシコ、一九〇九年にウェールズとニュージーランド、一九一四年のアフリカで、同形の飛行物体が上空を通過するのが散発的に見かけられているだけである。

そして最も認識すべきなのは、一八九六年は地球人類が放射能を発見した年だということだ。発見したベクレルの名は放射能単位として今も使われている。

彼らには地球全体をターゲットにした場合、北アメリカにおけるこの時期の出現に何らかの意味があったとすれば、最初に原爆の使用が想定されたからであろう。しかし、アメリカ社会全体を見ても、この現象もその搭乗者についても、一般に受け入れられた形跡はまったくない。だが、当局のしかるべきセクションには記録が集められ、専門的な分析が行われたに違いない。

事件全体からわかることは、彼らはいつであろうと、必要な時は常にひそかに地球の社会に入り込むことが可能だということだ。

第七章　近代科学への影響

●すべての国家に宇宙人の存在は通達された

二十世紀になると、いっきょに科学技術の発達が加速していく。

その背後に宇宙人の流入があったが、そのことを認識している人はほとんどいない。裏付けるような事件が起きていても、「ありもしないことだ」と多くの人が受け止めてしまったし、当局は情報が蓄積されても、事実を公表する勇気はなかった。

時間が経過するに従って、一般の常識と、当局の持つ実際のデータや調査研究内容の隔たりはますます拡大していくばかりだった。

それでも一九六〇年代のキューバ危機や火星人の巻き返し、そして政府シンクタンクが完全な隠ぺい政策を出すまでは、関連情報を追うことができる。特に公的なデータ類は、その時期以降は世界的なコントロール下に入っていってしまうので、その直前の情報から状況を判断せざるをえない。

一九五〇年にカナダ政府はウィルバート・スミスの提案によって、UFOの調査と反重力研究のための「プロジェクト・マグネット」に対し、約百億円の基金を拠出することを決定した。

プロジェクトは、ケネス・アーノルドの遭遇事件、ロズウェル墜落事件など、あらゆるUFO事件を綿密に調査し、UFOの動力原理に積極的に踏み込んでいった。このプロジェクトと、創設者ウィルバート・スミスの業績の特異性は、公的なUFO調査において、世界で唯一、情報コントロールの束縛を受けなかったということだろう。

国連広報官が公表した一九五〇年十一月のカナダ運輸省の極秘文書にはスミスによる次のような記述がある。

「過去数年間の研究によって、われわれは地球磁場の位置エネルギーを取り出す手がかりをつかんでいる……現在、自給力があり出力を増加する装置の設計が完了している……この研究が正しければ、空飛ぶ円盤の作動理論は理解できるものとなり、目撃された特徴もすべて定性的・定量的に説明がつく。

………

私はワシントンのカナダ大使館員を通じ、以下の情報を入手している。

・この（UFO）問題は、米国政府では最高機密に区分されており、水爆よりも上位にランクされている。

・空飛ぶ円盤は存在する。
・米当局は円盤の作動方法の解明に全力を傾けている。
・問題全体について、米国当局は極めて重大であるとみている。
………
さらに私は米国当局が精神現象など円盤と関係ある極めて多数の事項を調査しているとの情報をつかんでいる……カナダが行っている地球電磁気の研究に対し米国は討議することを受け入れた……

極秘・運輸省・省庁間連絡事項　一九五〇年十一月二十一日
上級無線技士　W・B・スミス」

運輸省で放送の通信監視員をしていたスミスは、異常な音信を傍受したり、電離層観測所のレーダーで、超高高度を飛ぶ物体を追跡し、カナダの首都上空を飛ぶ円盤のスピードまで算出していた。
このプロジェクト研究員たちは最終的に「人類にそっくりな外観をしたほかの惑星からの乗組員との物理的なコンタクトがあった」という見解にたどり着いていた。

　このような立場にあったカナダ政府の科学者ウィルバート・スミスがその後、次のような内容の書簡をイギリスの関係者に送っていたことをデンマーク空軍少佐が暴露している。これは驚くべき事実である。

　一九五九年二月二十三日付　ロナルド・キャスウェルあて
「地球上のどの国も、宇宙のどこかからやって来ている宇宙船とその乗員の存在を公式に通達されていることをお知らせします。どんなに国が無関心であろうと、認めないわけにはいかないのです」

　当然、日本政府も例外ではない。だから政府関係者が頭から宇宙人の存在を否定することはないはずなのだ。だが公然と認めるわけにはいかないという秘密協定があることは充分考えられる。

　しかし、ウィルバート・スミスは、キューバ危機が過ぎ去り、火星人の逆襲が始まった一九六二年に奇しくも早世してしまう。心臓病ともいわれるが、時期を考えると、抹殺されたと考えている人がいることもうなずける。

●宇宙テクノロジーの流入

アメリカで発生した火星人等による飛行船飛来の数年後、二十世紀がスタートすると、ライト兄弟が飛行機を発明し、人類は空を飛ぶ時代を迎える。

電気の実用化も次第に普及し、電話、電球、真空管などの進歩へと進んでいく。

また、原子核構造の実験的裏付けが蓄積され、核反応が確認されると、ウラン核分裂による強大なエネルギーの放出が、ドイツでいち早く兵器化へと進められた。

この事実に対するアインシュタインの警告で、アメリカはマンハッタン計画に突入し、原爆の登場となる。

電気、磁気、原子構造の研究は、いずれもＵＦＯ出現に連動し、その飛行原理とテクノロジーに関係するが、同時にそれ以上の未知の要素が含まれていることが明らかになっていく。

その一つが、ウィルバート・スミスの秘密文書に見られる「円盤と関係ある精神現象……」である。

そして、「米国当局が……円盤と関係ある極めて多数の事項を調査している……」とされる「多数の事項」とは次のようなものになるだろう。

・反重力原理
・物質の透明化や瞬間移動
・統一場理論などにおける宇宙の構造
・遺伝子構造と細胞活動における生命場（フィールド）の存在
・知覚活動と意識性の関係

当初は、核分裂兵器化を含め、すべてが極秘情報として、軍や情報機関の中にとどめられ、ひそかに調査研究が進められていた。

それらはいずれもＵＦＯのテクノロジー、あるいは宇宙人が駆使していたと考えられる現象であった。

その時代の最先端科学者といえども、結論に到達し、実証実験に成功していたわけではなく、解明に挑み、暗中模索の中にいたわけで、当局としてもＵＦＯ現象を一般人に説明できる段階にはなかっただろう。

だから、ＵＦＯにかかわるどのようなことも、安易に公表することはできず、当局が一つでも存在を肯定するようなコメントを出せば、われわれの科学界や文明文化の基本的価値観に不安を引き起こすことは明白であった。今日の最先端の生命科学や物理学で、その一部が取り扱われるようになってきたが、大勢においてはまだ二十一世紀の今日でも変わりはない。

特に人間の精神性と、それにつながる宗教的価値観に対する宇宙的あり方は、禁断の領域にある。おそらくは火星と地球の進化領域のテーマに抵触してくるからであろう。

しかし、これら宇宙テクノロジーの流入はほとんど同時に起きていた。

核エネルギーへの危険性を警告し、その危機を何とか抑止できたものの、ほかの新技術の流入は火星人のペースで始まっていたようだ。

●反重力理論の実用化

ここで近代の電磁気学において、交流の実用化に貢献し、天才科学者といわれたニコラ・テスラに触れておく必要があるだろう。

というのは、当局が秘匿していった宇宙テクノロジーを、在野にある人間が勝手に研究した場合の顛末が明らかになるからだ。いわば水爆より上位にランクづけられたテーマが持つ問題の深刻さである。

彼は一八五六年にユーゴスラビアで生まれている。

母親は非常に神秘的で特異な工作技術を身につけていたといわれ、子どもたちは幼少の時からその才能を受け継ぎ、四子だったニコラは兄とともに四歳にして、すでに動力車輪を作っていたという。

十七歳ころまで電気と磁気の研究に身を投じていたが、あまりにも時代の先をいっていたので、その内容は同僚の研究者には常に理解不可能だったといわれる。

パリ滞在中に、トーマス・エジソンの関係者に目をつけられ、一八八四年にアメリカに渡る。

だが、当初より送電方法でテスラとエジソンには考え方の相違があり、対立が続いた。エジソンは直流を提唱していたのに対し、テスラは安全面から交流が基本だと主張していた。その後結局、テスラの特許である六〇サイクルの交流送電が適用され今日にいたっている。

通信に関しては、無線電信の発明で知られているグリエルモ・マルコーニに二年先だって、テスラはラジオの公開実験を行っていたが、出資していた資本系列のために、テスラはエジソンとマルコーニを共に敵に回すことになる。

またそのころレントゲンがX線を発表するが、テスラは長時間の人体への照射の危険性に気づき、その安全対策を訴えている。


一九一五年にエジソンとテスラに与えられることになったノーベル賞が、土壇場で取り下げられたことでも分かるように、際立った先見性と発想を持ちながら、テスラが科学の歴史から姿を消すことになったのは、その基本的な電磁気に対する考え方にあったのではないかと私は考える。


それは一八九七年に発表した「無線送電」のアイデアである。

このアイデアは九一年に母親が亡くなったときの超意識体験が関係しているようだ。そのころ電磁モーターを開発しているときにインスピレーションを得たという。

「交流発電機を製作して、その特性や可能性を調査していたとき、帰線を使わず一本の電線で電気を送ることに成功した……そして共振変圧器（テスラ・コイル）を研究しているうちに、地球が電線として使え、人工の導体はまったくいらなくなるという考えを得た」と、当時の電気雑誌に記している。

つまり地球上のどこでも、電線をひいたりバッテリーを持ち運ぶ必要もなく、自由に電気エネルギーを使えるということだ。しかも、その電力は距離によって減衰することがなかった。

当時、電気事業として研究者たちに投資していた巨大電気会社や金融資本家たちにとって、このように、誰もが勝手に電力を使えるようなシステムは、資金回収のめどが滞ることになり、許容できないと判断したようだ。

写真⑰　無線送電のためのテスラ・タワー

テスラの発想は非常に宇宙的で、地球を宇宙から眺めているような説明の仕方をする。また、電荷についての考え方に、時間が重要な位置を占めているとし、現在の電気理論と基本のところで異なっていた。

時間が関与するので、そのエネルギーは三次元の要素を超えて、この世界に影響を与えるという。いわば回転や振動によって、エネルギーがわき出してくるので、エネルギー保存法則に従う必要がないということになる。

軍でミサイル開発にたずさわっていた物理学者トーマス・ベアデンは「現在の電気理論は、電荷と荷電した質量を混同し、同一視しているため、根本的な誤りが生じた……」と指摘している。

このテスラ波の考え方は、アインシュタインの基本原理をも越え、光速度に縛られることがない。逆にいえば時間の流速を変えるとか、さらにいえば重力とか物質の質量や慣性、あるいは人間の精神や思想も含め、時間内にあるすべてに影響を与えることになるのだ。

テスラの考え方が最終的にどのような結果をもたらすかを暗示するような事件が当時起きている。

「ニューヨークにあったテスラの研究所の中央を貫く共振変圧器の鉄柱に、小さな振動子を入れて機械的な共振の実験をしようとしたとき、どんどん振動が増幅し、近所で地震が起き出した。実験が危険な段階に突入したと悟ったテスラはハンマーで機械を打ち砕いたことで地震がとまった」という。

このとき、マンハッタンの警察に大きな揺れやガラスの破損があって、震源地であるテスラの研究所へ警察が急行したという話もある。これは一八九六年のことだった。

実験が危険であるということがマークされていたのか、この年にテスラの研究所が火事になり、ラジオ、無線送電、リモコンカー、X線、液体酸素などの機材が消失したといわれる。

このように、惑星規模で考えるテスラのエネルギー理論は、だいたい一九三〇年代にはおよそ完成していたようだ。

無線送電など電磁気に関する発明として、非常に多くの可能性を秘めていたことが分かっている。例えば次のようなものだ。

・石油、ガス、原子力を必要とせずに、電気やエネルギーが入手できる。
・電話局や衛星を経由しないで、宇宙、地中、海中で通信ができる。
・大気上層のジェット気流を偏向させるなど、気象に影響を与える。
・遠隔のプレートや断層地帯に影響を起こす。
・陸上、海中、地中、空間の重力を制御できる。
・人体や生物の健康を調節できる。

・装置で調整される波動圏の人物の場所を特定できる。
・物質の消失や転送現象が可能である。

これらは宇宙人が利用しているUFOの動力システムにつながる理解をもたらすはずだったが、この時代において一般化するのは無理だった。一台の発電機があれば、誰でも簡単なアンテナを立てて必要なエネルギーを無料で抽出することができるというのが、テスラが考えていた真の意図だったというから、財政支援者たちが危機感を募らせるのも無理がない。

結局、テスラを危険人物視し、容赦なく抹殺する必要があるということになり、特許の出願が妨害されたり、刊行物や教科書などからもその名が消されていったという。一九一四年ころには研究活動が非常にやりにくくなり、一九三五年にユーゴスラビアで自分の組織を設立するが、間もなく第二次大戦で首都ベオグラードが壊滅し、二年後の一九四三年に八十七歳で死去した。

ニコラ・テスラは近代電気と電力流通システムの父といわれながら、結局、その死とともにすべての論文を当局は差し押さえてしまった。その後は、どうやら歴史の陰でその研究や実験が続けられ、ナチス・ドイツやロシア、米国などで国家機密となったといわれる。

興味深いのは、後の宇宙交信に関する研究論文の中で「人間は宇宙の中で、精神を与えられた唯一のものではない」とテスラが言っているように、宇宙的エネルギーの実験をしていたときに、彼が火星人に限らず地球外の惑星の知的生命に気づいていたことである。

●宇宙エネルギーと人体の関係

テスラが自分の電気理論の中で気づいていたように、そのエネルギーが人体にも影響し、健康だけでなく精神や思想にも関与するということは、人体構造そのものに由来するらしい。

テスラ波が地殻の断層圧力に共鳴を起こすように、水晶粒子のような圧電物質に見られるような対極的干渉を、二つの大脳半球を持つ人間の脳も起こすというのだ。

逆にいうと、両耳間に起きる脳や神経系が起こす雪崩放電によって、人間も一定限度のテスラ波を作ることができるし、あるいはそれを探知することも可能だとベアデンは述べる。

「したがって、人間は遠方から、また時間を通して異常な時空効果をときには作り出すことができ、このことが、念力、テレパシー、予知、遠隔透視などの正確なメカニズムとなる」。

この宇宙の根源的力に物理現象から迫ったテスラに対し、心理学的なアプローチによって同様な結論に至ったのがウィルヘルム・ライヒであろう。

彼もヨーロッパ出身で、オーストリアのウィーン大学でフロイトの影響を受け、最も有能な弟子の一人となり、三十一歳でウィーン精神分析診療所の所長代理にまでなった。

その後、性的エネルギー、あるいは生命エネルギーの実験を経て、青緑色に発光し脈動するエネルギー小胞「バイオン」を発見し、この力をオルゴン・エネルギーと名づけた。

さらにオルゴン療法を確立し、「ガン問題とバイオン実験」をレポートし、一九三九年にアメリカに移住した。翌年メイン州にオルゴン研究所を創設し、オルゴン・エネルギー集積器を完成させる。


まず、ライヒはバイオンの培養に取りかかった。肉汁(ブイヨン)に塩化カリウムを混合し、高圧釜で滅菌して標本を作った。これを顕微鏡で拡大すると直径一ミクロンほどの小胞が分離していくのが観察された。これがバイオンなのだが、これは実験によって、あらゆる物質がこの青色発光する小胞に分解することを発見する。

そしてまもなく、海の砂から吸収した太陽エネルギーと思われるバイオンの放射発光を見いだし、さらに全天の星のキラメキにむらがあることから、オルゴン・エネルギーが空間に遍満していることを確信する。

この空間エネルギーが、有機物によって吸収され、金属によって反射されることを応用して、エネルギーの集積器を作り上げた。これは後に、狭い個室のような医療器に改良され、腫瘍、火傷、神経症などの人が健康を回復したといわれる。

しかし、ライヒのエネルギー集積器はＵＦＯを呼び寄せることになる。研究所の設備が次第に巨大化し、超高電圧を使うようになってから、集積器の上空に定期的に普通の航空機とは違う動きをする明るい光体が出現するようになった。

彼が研究対象としていたエネルギーがＵＦＯの動力と同じものだという理論に、ライヒはたどり着くとともに、その大規模な実験として、嵐やハリケーンをコントロールする集雲励起装置を考案した。

写真⑱　ライヒの集雲励起装置

そしてあるとき偶然、ＵＦＯに対してこの装置を作動させると、上空のＵＦＯが群を乱して逃走する様子が見られた。また同時に背後の厚い雲も消えうせてしまった。

ライヒがバイオンの入った箱をたずさえて、プリンストンに住んでいたアインシュタインに会いにいったのは一九四一年のことだった。

黒い箱の中をのぞき込んで、無数の蛍のような火花が明滅しているのを見たアインシュタインは大変驚き、五時間以上もライヒから理論的説明を聞き、その発見に大いに賛意を表明したといわれる。

だが、やがて研究所で事故が起きてしまう。

バイオンの入った大型の箱にラジウムを入れたとき、ガイガーカウンターがけたたましく鳴って壊れ、研究所の建物は夜間も光を発して輝き続け、助手は狂乱状態になり、自分も発病して何週間も生死の間をさまよったという。後に分かったことは、そのラジウムが驚くほど大量の放射能を失ってしまっていたことで、これによってオルゴン・エネルギーが放射能を中和するということがはっきりしたのだった。

このようにライヒの研究は、医学的な治療法としても、また気象学的な可能性、あるいは物理的な動力理論としても計り知れない可能性を秘めていたが、まだ開発途中であり、えたいの知れない危険性を当局が感じていたことも事実であった。

集雲励起装置による人工降雨実験に成功した翌年、米国食品医薬局がオルゴン療法装置の販売を禁止し、一九五五年にこの命令違反で起訴され、二年後に刑務所に入った直後に六十歳で亡くなった。心臓発作といわれているが、殺害されたのだと言う人も多い。彼の革命的な医学知識が公表されることを米国医師会が危険視したのではないかという説もある。

フロイトの弟子として精神分析に関するライヒの書籍は日本でも刊行されているが、晩年のエネルギーやＵＦＯに関する原書には発禁となったものもあり、入手が困難なようだ。研究資材を没収した当局が、その後ひそかに調査研究を行い、解明されたデータが極秘テクノロジーの基礎資料になった可能性は充分にある。

ライヒの著作で有名なのは、日本でも話題を呼び、一九七〇年代の性解放ブームのバイブル的な本といわれた「セクシュアル・レボリューション」である。精神分析学から性エネルギーにまで及ぶ彼の研究は、生命の根源に秘められた力を明らかにしたのかもしれない。

例えば宇宙人のセックス・ライフはどのようなものかについて、各地のコンタクティーの発言を聞くと、ライフ・スタイルやものの価値観の違いが惑星間の隔たりほどになってきて、簡単に説明することが難しい。地球上だけでも国や人によって異なり、イスラム圏と西欧社会間だけでも互いに理解するには多くの壁が立ちはだかる。

ライヒの言葉でいわせてもらえば、特にこの惑星では「経済的に健全な性生活」や「家族の基本である愛と身体的欲求の満足の両立」が成り立ちにくいということになるだろう。まだその理想的形態を見いだすに至っていない社会といえるのかもしれない。おそらくは、ほかの惑星社会のように、寿命が延びてライフ・サイクルが変化し、「生きる意欲とは何か」「人は何のために生きるのか」についての宇宙的自覚が浸透することによって成し遂げられるに違いない。そのとき自己の精神性や思考が宇宙エネルギーにアクセスし、より生き生きとした生活スタイルが生まれてくるのだろう。

それを実現するのは地球のこれからの課題である。

宇宙的なインスピレーションが先人たちの知識となったとき、それが地球で芽生えるかどうかを、宇宙人たちはテストしていたのかもしれない。ライヒの場合、どうやらそれが無理だったのだろう。

テクノロジーの一部がひそかに利用されたにしても、結局はそれが武器に使用されるようでは、うまくいかないはずだ。

●第二次大戦時に実行された秘密実験

テクノロジー一辺倒で軍事に利用していく方向性は、典型的な火星方式だった。しかし、このやり方では生命エネルギーへの均整のとれた精神性に踏み込むことはできず、魔術的な閉鎖性に陥っていくことになる。

惑星規模で宇宙的なテクノロジーが流入してきたこの時期に、まず顕著な動きを見せたのはナチス・ドイツだった。

ヒトラーと親衛隊長ヒムラーは「エジプトの神々はアトランティスからやって来た」と信じていたといわれる。しかも「アトランティスは異星人によって築かれた高度文明だった」というのだ。

そしてヒトラーはその高度文明が使っていたエネルギー・システムを得ようとして、一八七一年刊の奇書「来るべき民族」という本に基づいて地底探検を志したといわれるが、不思議なことに、彼らが求めたパワーの性質はテスラのエネルギーによく似ているのだ。ここにも火星人が関与した古代エジプト秘術の流れが表れている。

ヒトラーのオカルト指向は、十歳で修道院付属校にいた一八九九年にさかのぼる。イスラム神秘主義や異端キリスト教の形而上学に没頭していたここの院長は、入り口の門や構内のすべての宗教画に卍をつけていたという。イスラム教もキリスト教もさかのぼれば旧約聖書時代からの同根で、エジプトにつながる。

この学院で出会った修道士が、やがてヒトラーをウィーンのオカルト民主主義組織に導き、新神殿騎士団を結成した。ここの紋章はスワスティカで、アーリア人種選民思想だった。この流れはヒトラーをさまざまな秘密結社に関係させながら、ついに一九二五年刊の「わが闘争」の完成にまで至らせるのだった。

ヒムラーは、この思想が行き着いた秘教主義的ファシスト組織であるナチ親衛隊の指導者であり、ホロコーストの責任者であるとともに、彼自身がオカルト的チャネラーでもあった。やがて古代の過去の記憶にアクセスできるオカルト能力者を高く評価して側近に置き、古代史研究機関アーネンエルベを創設し、チベットをはじめ、世界各地の神秘的な地に探検隊を送り、先史時代の文明の跡や聖杯などを探そうとした。

また、いわれのある古城に巨費を投じ、親衛隊の聖堂を建てて瞑想をしたり、自ら古代の王との霊的交信をしていた。

このように、ナチス・ドイツはオカルト的な共鳴によって、その思想や行動を構築していたことが分かる。影響を与えた秘密結社の経歴には、古代エジプトからの流れが関与し、またこの時期に現れた火星系のオカルト集団が関係していた。それらは宇宙存在とのチャネリングの形でさまざまな文献が残されている。

彼らが行ったことがどのようなおぞましい結果を招いたかは、第二次大戦の終結で明らかになるわけだが、それほどまでの能動的国家戦略のもとで追究した古代テクノロジー、あるいは宇宙テクノロジーの研究は、当時のどの国家より進んでいたといえる。

例えばジェット推進機関、ロケット技術、反重力、細菌兵器、催眠や透視などのオカルト能力、電磁波や薬品によるマインド・コントロール、そして優生学的な超人の育成などだが、特に反重力の分野では、ナチスがテスラ理論を入手して円盤型航空機として実用化していたといわれる。

テスラが実業界から締め出されていった一九三〇年代中期から、ニューメキシコのロズウェルで液体ロケットの研究をしていたゴダードがテスラ理論の研究を発展させていて、そのデータがドイツ系科学者に盗まれ、ナチスに売り渡されたと、当局資料の情報公開を行った

写真⑲　透明化した駆逐艦エルドリッジ

ＣＳＥＴＩの代表者グリア博士は述べている。

アメリカとしても、このころテスラ理論の軍事化実験をした形跡がある。

アインシュタインが科学顧問をしていたアメリカ海軍は、彼の統一場理論に基づき防衛的な実験のプロジェクトを立ち上げたという。

最初は一九三六年に、二基のテスラ・コイルによって対レーダー不可視化実験に成功し、一九四〇年には小規模な無人船の不可視化に成功したといわれる。

その後、一九四三年には軍港フィラデルフィアで駆逐艦エルドリッジに船員を乗せた人体実験を含む物体不可視化実験を実施している。

初期のころはテスラ自身も立ち会っていたが、テスラ・コイルの高電圧装置が電源だけではコントロールできず、計算値を超えた暴走を起こすことに気づいたテスラは、後半は参加しなかったといわれる。
結局、最後の人体実験を伴った実験の際は、巨大な電磁場の渦の中で多数の水兵を巻き込む大事故になってしまった。戦艦と船員は透明化し、フィラデルフィアからノーフォークまでの三百四十キロを数秒で往復移動するというテレポート現象までも起こしてしまった。透明化した乗組員のほとんどが発狂したという。

アインシュタイン自身、この実験のもとになった統一場理論が一九二七年には完成していたが、誤用されて恐ろしい結果を招くことを憂慮し、一九四〇年まで一般には公表しなかったといわれる。

世にいわれるこのフィラデルフィア実験については、実験当時は関連事件を取り上げた新聞記事があるほかは、公的な文書があったわけではない。戦後の一九五九年ごろになって、実験の目撃者や生き残った船員の証言が出だしたことによって明らかになってきたものだ。

そしてこの実験には、地球にいる火星人が関与した可能性が濃厚である。
というのは、実験が暴露されたのが、民間でＵＦＯ現象を研究していたジェサップ博士が海軍研究所から受け取った資料がきっかけになっているのだが、その文書の中には、三人の火星人によると思われる多数の書き込みがあったからだ。

――母船……偵察機……重力場……小人族……テレパシー行動……友好的LM異星人……敵意のある異星人……海底都市の建設……古代地球文明の生き残り……空からの落下物……――

といった用語が、その書き込みに繰り返し使われているうえに、あちこちに地球人類へのあからさまな軽蔑《けいべつ》の言葉さえ出てくるのだ。

そして、チャールズ・バーリッツはこの事件を調査した自著の巻末で、一九七五年ごろにはフィラデルフィア実験がカナダ国防相とペンタゴンの空軍部、そして米海軍情報部によって管理されており、一九四三年の実験の際には、現場に異星人が現れたということなどが記された資料を掲載している。それによれば、「実験以来、当局と異星人は協力体制にある」とペンタゴンの担当者が述べているからだ。

●プロジェクト関係者との接触

ちょうどこの本の原稿をここまで書き進んだ二〇一〇年の夏、アリゾナから一人の人物が私の会社を訪ねてきた。

アメリカ当局がテスラ理論によって行っているタイム・ワープ・プロジェクトの資料を持ってきたのだ。

この本を私が書いていることを当局が嗅ぎつけたのか、あるいは火星人にキャッチされたのかは、私には分からない。だが、シンクロしていることは確かだ。あまりにもタイムリーなのだ。

なにしろ彼らが使っているシステムは、あらゆる空間の状況を見通す力があるのだから、その可能性は否定できない。

私が会ったその人の仲間は、ニューメキシコのロスアラモスで一九六六年に実施されたプロジェクトで火星にも行っているという。

火星の現状を聞いたが、気候や風土は思っていた以上に過酷で、地球の中東あたりの砂漠地の町と大差がないか、それ以上に厳しい感じがした。情景には、最近の火星探査機が送ってきている写真にある物体に似た建造物もあった。また、居住者の人柄は地球人に近いというより、もっと荒削りな感じだ。

資料はいずれ弊社から出版したいと思っているが、当局からの圧力もあるらしく、データがそろうのはまだだいぶ先になりそうだ。

しかし驚いたのは、ＮＡＳＡのなかに宇宙人との接触を管理している機関があることだった。

資料の中にあった「連邦規則集」、つまりアメリカの法律には、その部局の権限に関する罰則規定が掲載されていた。

「地球外生命との物質的接触管理機関」とでもいうべき部局で、「いかなる者も……そこの許可を得ずに（宇宙人と）接触した場合は罰金と禁固刑が科される」となっている。

だが、この罰則規定は一九九一年に解除されているのだ。

この年は、米ソ冷戦が終結した翌年である。つまり、核による地球壊滅の危機が一応回避された時になる。

そして前にも書いたように、アメリカが火星と交易を開始したころでもある。

ということは、核戦争で地球が消滅することを防ごうとした、太陽系評議会による強力な地球介入が終わり、火星とも外交協定のようなものが成り立った時期だということになる。

つまり、宇宙人を厳格に隔離したり、彼らとの交流を禁止する必要がなくなったということであろう。

この資料からみても、戦前から流入した宇宙テクノロジーの研究開発は現在も稼働しており、火星系宇宙人と連携しながら実験開発が進んでいるということになるのだ。

しかし、宇宙テクノロジーの詳細が、戦勝国による、ひそかな没収の闇に消えていき、それらの技術がロシアやアメリカの諜報機関に接収され、極秘裏に進展している状況が、現在の宇宙戦略に反映されていることは重大であり、また、精神的な面、つまり宇宙的な人類の進化からみても、危うさがあることはぬぐえない。

二十世紀になる前から、惑星規模で火星の介入が始まった時点で、これらの事件や情報をひそかに調査研究していた集団があった。それがテスラやライヒを監視していたセクションである。それらは単一の政府機関を上回る、電気や石油などの国際資本といわれるグローバルなネットワークだ。彼らにとっては一国の事情を考慮するより、惑星規模、つまり地球全体の価値観をコントロールする必要があるようだ。地球の経済的価値観を維持するということであり、その目的を最優先せざるを得ないのだ。

第八章　人類の宇宙的進化

●神的領域への接近

未知のものへの畏怖《いふ》の気持ちが宗教を生み出し、文明の発達とともに、その多くが科学によって解明されてきた。しかしすべてが解き明かされたわけではなく、謎は宇宙の広さのように限りない。

特に宗教の経典に、初期のころから取り上げられたのは、人間の生と死にかかわる謎、つまり魂の存在である。そしてそれらを生み出し、見守る、あるいは支配する全知全能の神を設定し、崇拝しているのはなぜだろう。

おそらく人間自身が魂や神の存在におのずから気づいているからではないだろうか。しかし、はっきりと確認して理解したわけではないので、文化や風土の違いによって、その解釈にさまざまな考え方や派閥が生まれた。さらに迷信が混入することによって、宗教の存在意義に疑問が生じ、実証的な近代の自然科学が成長してきた。それでもすべてが解決することはなかった。

そこで宗教の聖者はそれらを悟り、あらゆることを知っているといわれ、謎を解き、不可能を可能にする存在とされた。そして人は時と場合によって熱烈にこのテーマを追い求め続けている。

これは人間の極めて不思議な行為だが、はなからそれをあきらめるのも、一つの悟りかもしれない。

肉体的自己にはその回答を得ることができないからだ。では精神的な自己とは何だろう。思考したり考えたりする自己だろうか。あるいは潜在意識といわれるものだろうか。

これら人間の本能的とも思える探究心は、宇宙的進化という意味において、近代に入り、ローカルな地球という惑星を越えて、新しい展開を迎えている。

ロシアとアメリカの両陣営において、戦後急速に超常現象の軍事的利用がひそかに進み、特にテレパシーや遠隔透視などが諜報機関の情報収集の手段として重視された。

際立っていたのは、一九七〇年代から軍事的予算によってアメリカのSRI（スタンフォード研究所）で実験が始まったSRV（サイエンティフィック・リモート・ビューイング＝科学的遠隔透視）であろう。

これは以前から心霊科学の分野で研究されてきた、体外離脱や透視能力の実用化である。

超心理学ではＥＳＰ（超感覚的知覚）とかクレアボイアンス（透視能力）といわれ、この方面の研究者や能力者が動員された。

ＲＶ、つまりリモート・ビューイング（遠隔透視）は人間の既知の感覚器官を完全に超えた能力だ。地上、地下、海上、海中、宇宙、どこでもいいが、指定された場所の状況を即座に「見る」ことができるというのだ。においや音が混じることもあり、場所の気配といった、未知の波動情報を感知することもあるようだ。

驚くべきは、実験の際にターゲット、つまり何を透視するかという目的物さえ、能力者には秘密にされるということだろう。ブラインド（目隠し）という手法だ。実験の初期段階で、目的の場所がこっそり緯度経度の座標で設定されるか、その場所の写真がセットされるのみだ。だから被験者はまずそのターゲットを透視することから始めなければならない。だがそれは、たいてい瞬時になされるのだからすごい。

もっと驚異的なのは、ターゲットの位置を未来や過去に置くこともできるということだ。それは未来に関する予知や予言をすることであり、また過去の未知の歴史を解き明かすことができるということになる。

このような実験は、まさに神業としか思えないことで、その原理や規範については未解明の部分が多いため、一般にあからさまに公表されることはなかった。

スタンフォードで最初のＲＶの実験を行ったのが、第一章のはじめに登場しているハロルド・シャーマン博士自身だった。一九七二年のことで、このときのターゲットが火星だったと、後に同じようにここで被験者となったユリ・ゲラーは述べている。

すでにこの初期の実験の際、つまりバイキング火星探査機に先立つこと四年前になるのだが、リモート・ビューイングによって火星表面にある人面岩やピラミッド群、そして地下に生存する火星人のデータを、軍やＮＡＳＡは入手していたといわれる。

写真⑳　ハロルド・シャーマン博士

私がサンディエゴでハロルド・シャーマン博士に会ったのは一九七九年だった。米国ＥＳＰ研究財団理事長で、超心理学や心霊治療に関する著書が百冊を超える権威だ。しかも、博士自身がテレパシー受信能力者であり、また心に映像を描くことで病気を治療する、いわゆるビジュアライゼーションの提唱者でもあった。氏はすでにこのとき軍の研究機関でさまざまな実験に取り組んでいたわけだが、まだ誰もその詳しい内容を知らなかった。

私たちが出席したセミナーで博士は次のように述べており、当時の状況が反映されている。つまり、宇宙人とのRVによる接触に言及していたのだ。

「……まだ人々は心の持つ力について、ほとんど何も知ってはいないのです。

私は一九三七年に、探検家のハーバート・ウィルキンズ卿と組んで、北極圏とニューヨークとの長距離テレパシー実験を行いました。彼が雪原を踏破していた五カ月間の様子について、ニューヨークにいる私は、心の中に浮かんだ映像を書き記したのです。彼が北極圏から帰ってきた一九三八年の春、彼の日記と私のメモとを照らし合わせてみたところ、私がキャッチした数百の印象の七〇パーセントが実際に起きていたことが分かりました。

……私たちが自分の心の力を理解し、ＥＳＰ能力を使えるようになるならば、ＵＦＯに乗ってやってきているほかの星の知的生命体と心を通じ合うことができるようになるでしょう。また動物たちとも交流ができるようになるのです。

そしてさらに多くの人々がテレパシーによってほかの惑星を訪れるようにもなるでしょう。人間は、これから変化していくのです。心の状態を理解し、肉体を若く保つことができるようになれば、平均寿命が百歳を超えることも夢ではありません。ＥＳＰやテレパシーの発達によって自己を知るようになれば、人間関係も変わってきます。これが未来世界です……」

●軍事優先で始まったオカルト・テクノロジーの研究

これら善意の先人たちが描いた未来の夢は、おのずから地球外の生命体に関する禁断の極秘事項に接近していくわけだから、一般のアカデミズムに公表されることなく、研究だけがひそかに進んでいった。

また博士が研究していたような超常的な医療手段が現れれば、医学界が混乱することは明白であり、これも安易な公表はされなかった。

しかも、研究のための資金は軍事予算から出ているので、研究目的はおのずから防衛や大衆操作が目的になっていかざるを得ない。

神の領域が地上で花開くことはまだ無理だった。

ハロルド・シャーマン博士と共に軍の研究所で能力を発揮したインゴ・スワンという美術と生物学を専攻した学生がいた。

彼は体外離脱による観察能力のほかに、精神力で物質に影響を与えることができた。つまりはＲＶ（遠隔透視）と念力（ＰＫ）である。

次第に実験は軍事的実用化に向かい、遠隔地の機密軍事施設に精神を投影して入り込み、その様子を報告するとか、司令官の心の中に忍び込んで考えていることを探るとか、あるいはコンピューターのような電子機器を念力で破壊するような計画まで立案された。

しかも彼は科学的知識に裏付けされた洞察力で、自分の能力を客観的に説明できたといわれ、これらの能力が多くの人にも潜在していると考えていた彼は、参加していた科学者の協力を得て、ＲＶ能力開発実験をシステム化した。そしてそのカリキュラムや、新たに開発された光学的ティーチング・マシーンによって大勢の能力者が育成されていくことになる。

物体を空中に浮かせるとか、レーザー光線を念力で屈折させるなどということも行われた。月面に置き忘れたアポロ宇宙船の部品を地球にテレポートで持ち帰ろうという実験をさせられたのはユリ・ゲラーだった。

後に世界中から能力のありそうな若い少年少女たちが集められ、集団訓練されたこともあり、日本からも参加させられた若い人たちがいた。

彼らが行った実験の内容をみると、さまざまな施設にテスラ理論で作られた電磁マシーンや、フィラデルフィア実験をほうふつとさせるタイムワープ設備など、想像を超えるオカルト機器があったことがうかがわれる。

多くの科学者が参加し、それらの資金は軍や諜報機関、そしてＮＡＳＡからも出ていたといわれ、その詳細は軍事機密のベールの中に置かれた。

しかし近年になると、ＲＶの分野で実験研究に関係していた人々が民間に散り、日本でもテレビ出演したり、また開発のカリキュラムや訓練教育装置と共にさまざまな団体で使われるようになって、一般にも普及するようになってきている。

いわば、これまでの考え方からいえば、「神の領域」とも思えるこの分野の能力開発には、さまざまな問題が内包していた。

というのは、それらの能力で得られる情報は極めて高い精度だといわれるものの、ハロルド・シャーマン博士が述べているように「七〇パーセント」ほどの正確さ、というのがいいところで、完全ではないということだ。

宗教でいわれる神の救いの中に、不鮮明な部分が存在していることになり、その不明確さの原因は、神の救いと軍事が似つかわしくないからだろう。

波動的な共鳴効果で引き出されるこれらの情報は、行うものの動機と意志に無関係ではない。

この分野の開発と解明が、軍事的動機の中に囲い込まれたことに混迷を招く原因があると考えられる。

超感覚的知覚の分野に忍び込むノイズの中に、火星主流派勢力の意図的介入があるとアダムスキーは述べていた。

さらに地球管理組織が防衛上の理由で流す混乱情報が混入してくることに注意しなければならない。

いっぽう、これらのネガティブな要素とは逆に、高度な善意の宇宙勢力がどのような働き掛けを続けているのかも留意すべきだろう。

●オカルト・テクノロジーの危険な使われ方

宇宙人による地球介入の修正期に現れた二人の人物が、いずれも悟りの直前、つまり神的意識に至る直前に、超感覚的知覚の分野に忍び込む強力なノイズに悩まされたことは偶然ではない。

イエスの場合、伝道布教に出る直前、「悪魔から誘惑を受けるため、霊に導かれて荒れ野に行かれた」と新約聖書の「マタイによる福音書」にある。

悪魔の誘惑とは、四十日間の断食によって空腹を感じたイエスに、「神の子なら、これらの石がパンになるように命じたらどうだ」とか、高い山に連れて行き、そこから見える国々の繁栄ぶりを見せて、「もし、ひれ伏して私を拝むなら、これをみな与えよう」と、栄華と富を約束するなどしたという。

それでもイエスは「人はパンのみに生きるにあらず、神の言葉で生きる」、「神である主を試してはならない」と動じず、しりぞけたので「悪魔は離れ去り、それから天使たちが来てイエスに仕えた」というのだ。

釈迦も、富と栄華を約束された王家を捨て、二十九歳で出家し、苦行生活に入る。そしてブッダガヤの菩提樹の下で悟りを開くまでの六年間を「降魔（ごうま）」期といい、この間は、人に害を与える夜叉や阿修羅など、神の敵とされる天竜鬼神を従えた魔王の大群が誘惑し迫害したとされる。

それを克服した後は「成道」期とされ、ブラフマンといわれる梵天のすすめで人々に教えを説いていく。

イエスも釈迦も、修行によって超感覚的力を獲得したのち、その能力を使って神に直結する段になると、人格的主体による強力なノイズが生じてきた体験を持ったことが分かる。

実はほとんどの能力者がこの人格的主体の関与を体験している。

霊界の大師とか、高次元の賢者、宇宙存在など、呼び名は違っても実在の神々のようなイメージで現れる。超感覚的知覚領域の情報実体なので、予知予言はもとより、共時性や透視など時空を超えた奇跡現象や情報を伴い、人格性を帯びているので強い影響を受ける。

本当に紛らわしいが、釈迦やキリストはそれをコントロールし克服したというところが重要であろう。

本来、超感覚的知覚能力は時空を超えた理解を人間にもたらすはずだが、宇宙の根源的英知に直結する情報に行き着こうとするとき、ノイズと真のデータを選別しないと混乱が起きてくるのだ。

人類の精神的進化にかかわる知覚力において、地球人と火星人はまだそれを克服しておらず、その泥沼にはまりつつあるのだろう。

火星からの宇宙的テクノロジーが流入した近代において、この弊害が起きていた。

ナチス・ドイツ国家形成の思想的背景に、古代エジプトの流れをくむ秘密結社が関与していたことは前に述べたが、その魔力的勢いで世界の最先端科学を引き寄せ、ロケットやジェット・エンジン、核分裂や反重力、そして毒ガス兵器やマインド・コントロールなどの研究が行われ、実用化に着手していた。

第二次大戦終了とともに、彼らがアメリカとロシアに分散し、両国の宇宙科学や諜報機関の形成と発展に貢献していく。

彼らが最先端の科学的、あるいは哲学的、芸術的インスピレーションを受け取るとき、意識している、していないにかかわらず、人格性のノイズが入ってくる。

アメリカのロケット工学に貢献したジャック・パーソンズは、乱交パーティーを行う強度のオカルティストだったが、彼の発案した強力なブースターは今日もシャトルの打ち上げなどに使われている。

それらは思想の流入でもあり、新しいビジョンや生き方をもたらすので強い影響力を持つ。十九世紀以降に多発するUFO遭遇体験に触発されたケースもあり、たぶんに宇宙的源泉に起因した情報を含み、形は現在でいうチャネリングであり、以前なら霊がかりとされていたものである。これはその後、諜報機関が利用する遠隔透視の原型ということでもある。

十九世紀までは、哲学や天文学、錬金術の形をとっているが、二十世紀になるころからは黒魔術や神智学などにも影響し、地下世界のアガルタ思想などを生みだす。さらに神権政治思想からファシズムを導き、ヨーロッパ統合やワンワールド思想にも及び、現在のネオコンの反イスラム思想に連動していく。

当局はRV（遠隔透視）という超感覚的知覚能力を情報収集の手段として研究したと同時に、それによって現れたノイズを政治的なコントロール手段とか、催眠や薬物を併用する大衆操作にも使おうとしていることに問題がある。そのことは火星人が関与するノイズの発生源に地球当局が利用されている可能性もあるのだ。

古代エジプトの流れをくむ魔術的な結社から流れるノイズの主体は、地球から8光年ほどのところにある、おおいぬ座のシリウス連星系の神々（宇宙存在）と結びつけられたと、古代研究家のリン・ピクネットとクライブ・プリンスは著書で指摘している。

アフリカのドゴン族が持つ、シリウス三重連星や土星の輪など銀河や太陽系の構造に関する知識を含むこの伝説は不思議だ。戦後、二人のフランス人人類学者が明らかにした、天からやってきたノンモという神々がドゴン族に教えたというこの伝説は、エジプト神話の宇宙起源を確かなものとするためにエジプトの古代宗教体系と混合されて、一九七二年のロバート・テンプルの著作「シリウス・ミステリー」から生まれた新エジプト学において、人格的ノイズとして現代によみがえったようだ。そして宇宙人情報に混入させ、大衆のマインド・コントロールに使っているというのだ。

「……CIA、イギリスのMI5、オカルト組織、世界のトップレベルの科学者さえ巻き込むこの陰謀は、西洋世界の霊的渇望と奇跡への憧れを悪用し、古代エジプトに直結する啓示が迫っているという期待感を盛り上げることに集中されている……」という。

魔術的な変性意識下からの大衆操作は、火星系の逆襲が始まった一九六〇年代から活発化している。ＣＩＡに雇われた黒魔術の高僧がマインド・コントロールのエキスパートとして活躍したり、極低周波放送や大気イオン化などのオカルト・テクノロジーともいわれる心理電子工学技術が使われ、黒魔術研究計画では、四百カ所の魔術集会所と数千人の呪術師がモニターされたという。

アダムスキーも、ジョン・Ｆ・ケネディ大統領と接触した後、激しい黒魔術的妨害を受けたことで、事情を知らないメンバーが離反し、組織が崩壊していった。

●演出されるＵＦＯ事件

当局者は、地球の文明を守るために高度宇宙文明の流入を極力阻止する必要があった。同時に未来の社会的コントロールのために、偽りのＵＦＯ事件を作り出し、社会の経済基盤を維持することも必要になった。いわば宇宙防衛による軍産経済の確立である。ここに疑似ＵＦＯを演出するための火星系オカルト・テクノロジーが悪用される。そして変性意識的なノイズによって、宇宙からの攻撃とか自然破壊などの脅迫的イメージが与えられているというのだ。

これはある意味、精神的なテロといえるかもしれない。

純粋な宇宙的感覚が培われる道は極めて厳しい環境になっている。


現れたのはアブダクション（UFOによる誘拐事件）やインプラント（宇宙人による人体への異物植え付け）、キャトル・ミューティレーション（UFOによる動物虐殺）などの事件、そしてグレイ系宇宙人のイメージ形成だ。


最初のアブダクション・ケースといわれるヒル夫妻事件が起きたのは、アダムスキーがケネディ大統領と一緒に軍事基地で宇宙人にコンタクトした前年で、一九六一年のことだ。火星人と当局による逆襲が始まる時期だ。

休暇帰りにニューハンプシャー州の夜道を車で走っているとき、ヒル夫妻は夜空に円盤型の飛行物体が接近してくるのを目撃する。不思議に思って車を止めると、前方に浮いている円盤の窓に人間のような生物がいるのに気づく。近づいていくと、中に連れ込まれそうな気がしたので、急いで車に戻って走り去ったという。

数日後から夫妻は遭遇時の悪夢がひどくなっていく。しばらくして精神科医にかかることで、ようやく記憶を取り戻していくが、その記憶の断片から、円盤に乗っていたアーモンドのような黒い眼で、頭が大きく無毛のグレイ系宇宙人に誘拐された事件として有名になってしまった。

この事件以降、グレイ系宇宙人によるとされるアブダクション事件が多発していき、宇宙人は怪奇で敵対的だというイメージが植え付けられることになる。

しかし、夫妻の証言の中には「宇宙人のリーダー格の男はドイツのナチのようで、唾つき帽子をかぶって、黒い光沢のあるコートを着ていた」とか「潜水艦の船員のようで、そのあとジーパンに着替えていた」などという部分があり、諜報機関のインプラントやマインド・コントロールによる事件だった可能性が出てきた。

また、別の事件では、誘拐したエイリアンが「これでやつらは、きっと空飛ぶ円盤だと思い込むだろう」と英語でしゃべっていたという証言もある。

一九九〇年代に数千人の軍や諜報機関関係者からUFO情報を聴取したグリア博士は、そのデータから現在のUFO事件の九〇パーセントは地球製によるもので、電子精神感応武器システムによる準軍事活動だと結論づけた。ただ、それらの中に火星勢力の不健全な現象があるということは、グリア氏自身は気づいていないようだが、疑似ＵＦＯ事件を起こしている大規模な部隊があるという多数の証言を見いだしていた。

上空に三次元映像を作り出すような機器があるかもしれない。あのファティマの奇跡を思い出してもらいたい。太陽のような回転する円盤、雨雲を取り除き、昼間のようにあたりを照らし出す光、コミュニケーションをする聖母の姿の出現などを演出するこのような宇宙人のテクノロジーを、ある程度、その軍事部隊はテスラ理論などから実用化していると思われる。また、人々にさまざまなイメージやメッセージを送り込むこともできるようだ。もちろん反重力システムを使う飛行物体もあるだろう。なんらかの天体現象を創出する可能性もある。それだけの部隊を維持する闇の予算が出ていたとグリア氏は報告している。

一九九三年にローレンス・ロックフェラーの牧場に、ＵＦＯ情報公開の件で招かれたグリア氏はのちに次のような感想を述べている。

「この大富豪の友人の一人は、大衆の意識を結束してエイリアンの脅威と戦わせたいので、アブダクションというものを公共の認識とするため、ＵＦＯ活動に多大な援助を行ってきたと言った。そして人類の背後にアダムとイブ以来、これらの悪魔的ＥＴが存在していたと信じていると漏らした」

強大な銀行帝国を成していたその皇族が、火星勢力のノイズとＵＦＯ事件の偽装を認めていたのだ。

だが結局、偽装されたＵＦＯ事件と火星勢力のノイズで増長されたエイリアンへの恐怖から、地球防衛を強化するために偽装部隊や情報操作に資金を出しているという悪循環の中に立っている。

だから、本来宇宙人たちがどういう目的で地球にやってきたかを考えるには思い至らず、結果的に心理戦による混乱を作り上げている。

この状況を仕掛けているのは、火星系のノイズに含まれる邪悪さに乗じている偽装部隊のようだ。彼らのネットワークは世界の有力者の周りで策動し、ＵＦＯ事件に潜む際限なく循環する結論のない迷宮そのものだ。

次の事件は、この状況の深刻さを示す典型的な例だろう。

東西冷戦が終結しようとしていた一九八九年十一月三十日の早朝午前三時十五分ごろ、ニューヨークのイーストサイドのアパートから、一人の女性が閉まっている十二階の窓を抜け、三体の生物に付き添われて空中に浮いたまま、外に浮いているＵＦＯの中に連れて行かれた。この様子を下の路上から十数人の警備員や夜勤帰りの電話交換手の女性などが見ていたが、その際に警備員たちが護衛していた当時の国連事務総長ペレス・デ・クエヤル氏も、乗っていたリムジンから誘拐されたという。そしてＵＦＯはイーストリバーのブルックリン橋近くの水中へ潜っていった。

宇宙船の中に連れ込まれた事務総長に、ＥＴたちは宇宙人に関する情報開示計画を中止しないなら、アメリカ大統領をはじめ、世界の指導者たち全員を誘拐して地球外へ連れ出すと脅迫したというのだ。

この冷戦末期は前にも書いたように、ロシアからヨーロッパでＵＦＯ目撃事件が多発していた時期で、ゴルバチョフとブッシュ（父）大統領、そして国連事務総長らがＵＦＯ情報の一般公開を検討していたといわれ、その打ち合わせ会議の帰りにこの事件に遭ったらしい。

真実が世界に公開されるのを阻止するために、偽装部隊が模造エイリアン船と電子精神感応武器システムを使って事件を起こしたとグリア氏は断言する。

しかし、事件当事者たちには記憶喪失の部分があり、現実の事件との判別が難しい。私自身も内外の多くのアブダクト体験者を調査してきたが、空中を浮いたまま壁をすり抜けたりするＥＴや、近くに出現するエイリアン・クラフト類が、現実の物体というよりホログラフィー的な三次元映像、あるいは幻視効果によるものと考えられるからだ。けれども体験者は非常に強い精神的な影響を受け、現実との区別がつかないほどで、考え方が変わったり、人生の変化さえ起こしてしまうほどだ。

このようにして、UFO問題にまともに対応しようとする国連の首脳さえ、その意志がくじかれることもあり、また、ニセのUFO事件を起こして、宇宙人問題の真相を捻じ曲げてしまう。このようにしてマスコミ媒体に流れる情報そのものをコントロールするのだ。

私たちはこのような心理戦を乗り越えることはできるだろうか。

第九章　地球人も宇宙人になる

●高度宇宙文明の流入

地球文明を守るために、現段階ではＵＦＯと宇宙人の実態を絶対に公表できないというのが、当局が死守している姿勢だ。

現在も毎日のように世界のどこかで発生し続けているＵＦＯ事件は、政府、学界、そしてメジャーなマスコミにおいては、あり得ないこと、起きていないことになっている。

しかも、事件に遭遇した当事者には、偽装ＵＦＯ事件の迷宮が待ち受けており、正体が分からないように心理戦の幻視効果が降りかかる。

さらに火星主流派の影響によって、オカルト・テクノロジーによる当局のカモフラージュ戦略が補強されており、大衆はそのようにして宇宙の実態から隔離され、またある意味で保護されているということがいえるだろう。

しかし、ひとたび地球の文明が核による全滅のような危機が生じてきた場合には、太陽系評議会が関与したように、地球救済のために宇宙からの介入が実行されたことを考えると、地球や火星主流派レベルのはるか先を行く太陽系評議会によるわれわれの想像を超えた視点から、地球は常に監視されていることに変わりはない。

だから、UFO事件は起こり続けており、大衆の意識に影響を与えない範囲で宇宙からの関与は続けられている。

地球社会の変化、あるいは改善や変革というものは、地球人自身で為さなければならないもののようだ。高度な社会システムを急に与えられてもなじめないからだ。

写真㉑　ヴィジャヌエバ氏と筆者

一九八六年に、金星に行ったという体験談を日本で出版するために、著者のヴィジャヌエバ氏に会いにメキシコ・シティーを訪ねたことがあるが、彼は一九五三年に金星の都市で、そこに住むヨーロッパ系の地球人の兄弟に会っている。

その兄弟は、地中海のアフリカ沿岸の国から、最初はちょっと宇宙人に連れられて金星を訪問するはずだったのが、地球の生活がバカらしくなって、もう五年も金星に住みついていて、身だしなみの乱れたマナー違反のわがまま者になっていたと、ヴィジャヌエバ氏は著書『私は金星に行った』に書いている。

どんなことでもそうなのだろうが、自らの努力で獲得したものでないと身につかないということだろう。竜宮城に招かれても、浦島太郎のように、帰ってきたら衰弱してしまうということになってしまう。

二十世紀の近代科学の発展に火星系の技術が導入されたとともに、文明の規範として精神的な宇宙ビジョンが評議会ルートから与えられたことも確かだ。

宇宙人と交流していたアメリカの知人の紹介で、宇宙人問題に理解を持つ国連の関係者に私が都内のホテルで会ったのは、一九七八年だった。

名刺の肩書には「平和の母・国連代表」とあった。もう七十歳代と思われる女性で、一九四五年の国連創設当初から活動に関与し、一九七〇年代には国連のアメリカ代表も務めていた。もう十数回も来日しており、これから北朝鮮から中国に行くといっていた。

このときの彼女の活動の基本は、人類を滅ぼす核の脅威を廃絶し、世界の平和を実現することだった。当初は世界の子どものためにユニセフで働き、終戦当時は千人ほどの日系抑留者たちに職を世話したという。

UFO問題に関し、彼女は次のような話をしてくれた。

「NASAは、数千ページの軍によるUFOに関する素晴らしい報告書を持っているのですよ。テスト飛行のとき接近してきて飛び去りますが、その速度は未知の物体としかいいようのないほどの速さです。

まもなく国連でUFO問題の国際会議が始まります。私も出席するつもりです。

かつてウ・タント事務総長がUFOに深い関心を持っていましたが、現在のワルトハイムは消極的ですから、こんどのグラナダが提案したUFO会議で進展があるかどうかは疑問です。

ただ、ウ・タントと親密だったワルトハイム事務総長の秘書であるロバート・ミューラーが事務総長を説得できるかどうかにかかっています。

私自身も国連ビルの最上階からUFOを見たことがあるのですよ……」

UFO問題が平和運動以上に難しいテーマだと彼女が言ったことは、印象的だった。

一九六七年のワシントン・ポスト紙に、当時のウ・タント国連事務総長が「UFO問題は

... U Thant has confided to friends that he considers UFOs the most
the UN next to the war in Vietnam."

MOSCOW (AP, April 19)—A Soviet scientist (F. Zigel
of ... Soviet youth magazine, Smena) says there may
flying saucers in outer space. Soviet radar screens have
for 20 years, he says. The "angel echo" a UFO detected
observed by scientists at the Central Aerological Observ
phenomena of the UFO today should be considered as

PARIS (UPI, July 18)—U.S. Air Force men, crews of
Dutch observers today reported seeing brilliantly lit
dawn skies over Europe ... Dutch observers said the
appeared to have been a space satellite burning up
atmosphere. The airline reports, received at the control
near Paris, said the streaks were as luminous as a
in a northeast direction at high speed and great altitude

WIESBADEN (UPI, July 18)—Cigar-shaped unidentified
trailing brilliant light and looking like "fireworks" startl
Northern Europeans today ... The pilot of a chartered
very brilliant object" at 9000 feet while he was approach
landing ... Heinz Kaminski, director of the Bochum
sighting to some rare light breaking through clouds of
However, he said he was trying to check the mysterio
feeding a computer all available details.

Sec. General U Thant

写真㉒　ワシントン・ポスト紙の記事

ベトナム戦争の次に国連が直面する重要事項になるだろう」と発言した記事が出たように、このころから国連はＵＦＯや宇宙人について深い認識を持っていた。

　国連関係者の女性が言及したＵＦＯ会議は、指摘されているように研究機関を立ち上げるとか、真相を究明するまでには至らなかったが、歴代の事務総長やその秘書などのブレーンの中に、ＵＦＯ問題を極めた人物がいたことは確かである。

　例えば、その女性が言っていた、当時の国連事務総長の秘書だったロバート・ミューラーは、三十年以上国連に勤務し、三代の事務総長の補佐官を務め、別名「国連の預言者」といわれた人物だが、一九七九年にニューヨークでの講演で次のような発言をしている。

「長年国連で働いていて、出席する会議のおびただしい文書や、人間の運命の新しい道を見いだそうとするさまざまな国からやってきた男女を見て、ここは宇宙の中の愚かな惑星なのか、あるいはちゃんと意味をなしているのかと毎日自問しています。

さらに私たちは、超越的で、ずっと前に始まり、より偉大で、より美しく、より高い惑星の文明へと導いてくれる何かの協力者、関与者の手助けをしているのではないかとも自問します。

それは二千年前、地球上の、また宇宙における生命の神秘を明瞭に洞察していたある方が預言され、また宇宙空間の使者たちが宣言した世界が現れることなのです。こうして自らを超越し、変容しつつあることを、私はますます確信しています。

天や地上には、われわれが発見したものより、もっと多くのものが存在するのです。

私は地球上での未来の平和、正義、完成、幸福、調和は、この世界の政府によるのではなく、神聖な宇宙の政府によるのだということを今日確信するようになりました」

「より高い惑星の文明へと導いてくれる関与者」とは何を意味しているのだろう。「宇宙空間の使者たちが宣言した世界」あるいは「神聖な宇宙の政府」とは何か。単なる象徴的な表現を超えた具体的な実体を指しているような気がするのだ。

というのは、ミューラー氏がウ・タント国連事務総長の補佐官をしていた一九六四年に、第二章で取り上げたメキシコで開かれた宇宙会議、つまり各惑星の代表者と地球の各界の首脳が集まった会合に出席したと思われるからだ。すでにこの五年ほど前の一九六〇年からアダムスキーとミューラー氏ら国連首脳との交流が始まっており、高度宇宙人の実態をよく理解していたはずだからである。


また、普遍的で相互依存の人類家族という最高の現実を世界の政治目標にしている国連という場に、太陽系評議会の使者が働いていてもおかしくないのではないか。

ウ・タント事務総長は、最初の月着陸を果たした宇宙飛行士たちを祝うレセプション会場で、国連職員と宇宙飛行士が話しているところにやって来て、「彼はあなたの話に驚かないと思います。彼はあなたよりずっと以前に、月に住んでいて、全地球的な目で地球を見下ろしていたからです」と話しかけたという。「彼」とはそのときの職員のことだ。冗談ともとれるが、その職員が宇宙の住人だとほのめかしたのかもしれない。

というのは、ウ・タント氏の口癖は「私たちは、宇宙との関係で、自分の立場が分からなければ、問題を解決できない」だったからだ。つまり全世界からわき上がってくる諸問題を解決できる希望は、「一つの惑星を外側の宇宙から見る視点を持つ力を考慮する」ということであり、高度な宇宙的文明との関係を意味しているからだ。

●地球は高度惑星社会を取り入れつつある

近代になって、地球社会は封建領主が支配する細かな地方単位から、一つの国家に統一されるようになった。

しかし、第二次大戦まではその国家間で紛争が起き、戦争になった。

そこで戦後は、さらに国家間の対立を調整し、地球という一つの惑星として成り立つようにするために、国連という場が設定された。この理想は「地球全体を宇宙から見る」視点に立っている。

戦争という抗争が人間の幸福に反する状況を生み出すということを学んだ段階にUFO問題は発生した。その最も重大な原因が人類の核の使用であったことは前に触れたとおりだ。この原因は地球の緊急事態として宇宙からの介入を招くことになったが、核による戦争の脅威が去ったのちも、恒久的な惑星全体の平和維持には多くの問題が残された。

国家間の利害対立の裏にひそむ教育や文化、あるいは医療や政治、治安の格差などである。

宇宙からより高い視点で地球を監視している勢力にとって、地球への介入を全くやめるわけにはいかないことは当然であろう。

太陽系評議会をバックとしたこの勢力は、国連や各国の政治家に対し問題の解決に向けアイデアを発信し続けていた。

状況を理解していた政府機関の中には、その仲介となっていたアダムスキーに賛意を表明した書簡を出したところもある。

例えばアメリカの文化人の出入国を管理していた国務省の文化交流委員会から一九五七年に、宇宙人との交流を認める国務省の公式印が押された正真正銘の手紙がアダムスキーに送られてきている。

「ＵＦＯ事件を調査している軍は、偽装の任務があるので、ＵＦＯの存在を否定しますが、われわれの調査ではあなたの主張する体験が真実であることが分かっています」と記されている。

この書簡が公表され、マスコミが騒ぎだすと、国務省はその手紙を書いたストレイスという人物も部署の存在も否定してしまった。あくまでもこの状況は公表されては困るものだったからであろう。

しかし、当局と宇宙人との交流は続けられ、政策の立案にも少なからず影響を与えている。ケネディ大統領が地球の核による危機を回避するために、宇宙人との協力で一役買ったように、国際関係や内政問題で、大統領就任当初から「ニュー・フロンティア精神」に基づく新たな政策を実施していたのはその一例である。

国務省の宇宙人との交流認定文書がアダムスキーに送られた一九五七年ごろから、民主党の上院議員だったジョン・F・ケネディは大統領選出馬に向けて運動を開始している。打ち出された政策内容からみて、このころから宇宙人たちがアドバイスを与えていた可能性があるのだ。

当時の彼の政治姿勢は「平和部隊、軍備縮小、核実験禁止の三本柱だった」と伝記に書かれている。そして一九六〇年にミシガン州から始まった大統領選キャンペーンの第一に掲げたのが「平和部隊」だった。

実はこの平和部隊のアイデアは、太陽系評議会が地球介入の際に取ったやり方と同じシステムなのである。

若い民意を発揚し「途上国の教育、農業、医療、建設などを支援しよう」という意図は、惑星間の格差を解消する意味において、先進惑星の勇士を地球に送り込んだ評議会と同じ発想なのだ。

ケネディが残したこれらの業績は、戦後スタートした国連のＯＤＡ（政府開発援助）を補強し、先進国と発展途上国間の経済格差を埋め、世界経済の安定に寄与していった。日本の青年海外協力隊はこの組織の一環となっている。またこのモデルはＮＧＯ（非政府組織）やＮＰＯ（非営利団体）の活動にも連動し、営利、政党、基金などとは違った活動の存在をもたらしている。

また注目すべきは、「人権」という考え方だ。これは国連の主要目的の一つである。全体主義的な人権抑圧主義にある国が戦争を起こしやすいので、人権擁護を基本精神にしようという構想に基づいているのだが、基本的自由を尊重する発想は、ケネディが起こした公民権運動に通じる。

アメリカの独立以来続いていた人種差別法案が撤廃され、黒人差別主義が解消していったのは彼のこの活動によって実現していったのである。

そして軍備縮小と核実験禁止というケネディの政策路線に関しては、キューバ危機が去った直後に、国際的な核実験停止条約を提唱し、当時の核所有国の間で、大気圏内、海中、そして宇宙空間での核実験をやめるという部分的核実験禁止条約の締結を実現している。これは核軍縮への第一歩としてのシンボルと評価された。

これらの発想は、太陽系評議会の意志そのものだった。

●惑星規模のレスキュー部隊が存在する

赤十字や国際労連のようなNGOがこの地球だけで一万七千以上あることを考えると、太陽系全体の人口が地球人口の何十倍もあり、そのうえ外宇宙からの来訪者もあるとすれば、太陽系評議会や火星主流派の区別を越えて、さまざまなグループ集団があるに違いない。あたかもNGOやNPOのような組織が無数に活動していると考えていいだろう。彼らは軍隊組織のような指揮命令系統で成り立っているというより、自主的な発想によって動いていると考えられるからだ。

例えばミステリー・サークル作成グループだ。

イギリス南部を中心に世界各地で毎年作られる作物畑のアートが、巨大な幾何学的形状になったのは、東西冷戦が終結した年からだった。これは明らかに人工的に作られているが、麦の茎を折ることなく短時間に作られることから、地球起源でないことを暗示しており、この仕業の原因を人々に無言に問いかけ続けている。地球外生命の存在に気づいてくださいよ、という訴えかけを行っているのだ。

あるいはまた、核兵器撤去部隊があることは間違いない。

前にもふれたようにミサイル基地がUFOによって、まひしたことがたびたび報告されているからだ。

キューバ危機前年の一九六一年にフロリダのケープ・カナベラル（ケネディ）宇宙基地で発射実験をしようとした核弾頭がUFOによって持ち去られている。

また最近、ラリー・キング・ライブで軍関係者が証言していたのは、一九六四年にカリフォルニアのヴァンデンバーグ空軍基地で、打ち上げられたミサイルにUFOが接近し、ビーム光線を発射して核弾頭をミサイルから分離してしまったという（「アポロ計画の秘密」たま出版刊参照）。

一九五〇年代からケープ・カナベラルでアトラスICBM大陸間弾道弾の実験が開始され、一九六〇年代にヴァンデンバーグ基地で量産型の実験が始まっていた。宇宙人部隊がこれらに警告を発したことは間違いない。なにしろ、この時代の実験は大気圏外での核実験をもくろんでいたといわれ、地球大気層を破壊してしまう危険があり、宇宙人がそれを阻止したのだといわれている。

おそらく、この活動をしている集団が太陽系評議会の意向を受けた最大の規模となっているのではないかと思われる。

地球人類が放射能を発見した一八九六年に、全米に数万件の飛行船型ＵＦＯ目撃事件を発生させ、放射性元素の特定を行っていた一九一七年に、ファティマの奇跡を起こし、最初の核連鎖を行った一九四二年にロサンゼルス一帯に巨大な母船型ＵＦＯを飛ばして一千発以上の高射砲を打ち上げさせ、一九五四年にヨーロッパ全域で百万人の目撃者を出して核の使用を政府首脳に警告し、このことによって当時の四大国に宇宙開発宣言を行わせ、東西冷戦が終結した一九九〇年に、ロシアで何千件というＵＦＯ事件の集中発生を起こしたのだから。

そして、この最大集団には、もう一つの関連セクションがあると思われる。それは放射能被害に対する修復部隊だ。戦後間もなく米ソが競って原爆実験や水爆実験を繰り返していた時期に、実験場や研究施設の上空に緑色のＵＦＯが飛来し飛び回るのが目撃された。これは空中の放射能を減衰するためのＵＦＯなのだとアダムスキーは述べていた。

この発言は二十年後に起きたチェルノブイリ原発事故のときに実証される。

事故を起こし損傷した第四原子炉の三百メートル上空にＵＦＯが出現し、二本の赤い光線を照射し飛び去ったが、これによって放射線レベルが四分の一に減少したと、アメリカのサンバリー研究所で出された論文に掲載されている。

そのほかの宇宙ＮＧＯとして考えられるのは、人権問題や格差社会の改善のために国際政治に介入している集団の存在である。

また、宗教対立を防ぐアドバイザーがバチカンなどに潜入していた形跡もある。

そして、宇宙人Ｊのように、ハリウッドの映画俳優として活躍し、新しい生き方の目覚めのために貢献しようとした勇士もおり、音楽や文学、エンターテインメントの分野にも同様な影響を与えている芸術集団も考えられる。

さらにロズウェルに墜落したＵＦＯの機体によって、地球にコンピューターや超音速航空機がもたらされたという内部告発があったように、さまざまなハイテク技術が与えられていることを考えると、地球への技術導入グループなどもあるのかもしれない。

宇宙開発が急速に進んで有人月着陸が達成された時代に、地球の軍事的戦争経済を平和な宇宙開発経済に転換しようとした宇宙人集団がいたといわれる。


そして、最も衝撃的なのは、惑星規模の人口を宇宙間移動する巨大なノアの箱舟のようなＵＦＯの存在だ。

例えば巨大な彗星が惑星と衝突する場合や惑星規模の地殻変動とか、太陽爆発などで惑星から住人が離脱する必要があるときに使用されるという。あるいは核ミサイルによる全面戦争が地球で起きるときなども、レスキュー隊として来るのかもしれない。

このＵＦＯが目撃されたのは二〇〇八年一月、アメリカのテキサスだった。事件は世界的に話題になり、日本の新聞でも取り上げていた。

形は記事にあるように角が丸くなっている板状で、縦が千六百メートル、横八百メートルもある。なぜノアの箱舟なのかというと、地上の人間を吸い上げるためと思われる穴があったからだ。目撃者は多数おり、のちに軍の基地レーダーでも確認されていたことが明らかになっている。

最も近くで見ていたリッキー・ソレルズという溶接工が、地上九十メートルほどの低空ま

スポーツニッポン
2008年(平成20年)1月16日(水曜日)

超巨大UFO
テキサスで目撃相次ぐ

長さ1.6キロ!!

「光る」「平たい」「金属」

まるで映画

写真㉓　スポーツニッポンの記事

でUFOが降りてきたとき、その真下からUFOの腹部を、持っていたライフル銃の照準鏡で詳しく見ていて、その穴の構造を報告しているのだ。

　空全体を覆いつくしたその物体の中央に、等間隔に九個の穴があり、それぞれの穴の入り口は直径二メートルほどで、物体内部に抜けるところの穴の直径は九十センチほどだった。穴はちょうど深さ二〜三メートルのロート状になっていたという。人間一人が通り抜けるにちょうどいい構造なのだ。

　一平方メートルに人間一人を収容できるとすれば、一機に百二十万人は積めることになる。

　ハリーは宇宙人Jから聞いたのか、「このタイプの宇宙船が近隣惑星に千機ほど待機している」と言っていた。これを総動員すれば、十二億人を運ぶことができる。このような太陽系の危機管理体制が準備されているということなのだ。

テキサスにおけるこの目撃は、約一カ月にわたって連続的に発生し、三〇〇×二〇〇、四五×一三五メートルなど、大小さまざまな大きさの板状UFOが報告されており、災害の状況に応じてそれらが使い分けられるものと考えられる。

興味深いのは、事件が起きた場所が、ブッシュ前大統領の自宅近くだったことである。彼の業績や政策に対し、災害や戦争との関連が警告されたように思われるのだ。

目撃者の中には、物体の形状を旧約聖書の出エジプト記に書かれている火の柱にたとえている人もいた。大衆のパニック時に出現するUFOにふさわしい雰囲気を醸し出していたのかもしれない。

●宇宙的な進化の基礎

惑星全体が恒久平和を保て、格差のない社会を実現している世界が近隣の宇宙空間にあったとしても、この地球がそうなるためには単なるユートピア願望では実現しないだろうし、宇宙的な平和部隊がどう活動しようと達成することは無理のように思われる。

そのひな型ともいえる国連の活動も、各国の利害や主張で停滞することがたびたびあり、スムーズに進展することはまれである。多分に汚職や現地環境の厳しさなどが壁になるようだ。結局は人材と人々の意欲が状況を形成していくのだろう。

これまでは宗教や思想が人間の活動を支える役を果たしたが、現在は科学が関係している。目指すべきは宇宙と人間自身の根源的な理解にどう到達するかということになる。

この回答を地球にもたらすために、二千年前に太陽系評議会が人材を送り込んだと考えられるが、現代において改めてその基礎を残したように思われる。

国連の首脳部や米国議会筋とアダムスキーが最も頻繁に交流を持っていたのは彼の最晩年だったが、そのころアダムスキーは「生命の科学」という講座テキストをまとめている。これは、宇宙人からすれば、おそらく最後の望みの綱ともいえる地球人へのアドバイスだったようだ。

「この講座は、高度な宇宙人によって伝えられた知識です」と、その後書きにある。

彼らが指摘しているのは、主に人間自身に関する理解である。

人間の心は四つの感覚器官によって成り立っているとしている。つまり視覚、聴覚、臭覚、味覚である。触覚はそれらとは違って基本的感覚器官として宇宙的な意識に通じている。

四つの感覚はそれぞれ相対的な立場で独立した意見を持ち、人間の心に干渉してくる。これは当然で、例えば視覚は目の前のものを見ているのだから、自分と相手という相対性を基本に認識している。極端にいうなら、自己防衛として相手を抹殺することも辞さない。

しかし、触覚は生命そのものの普遍的な感覚の世界に通じているというのだ。この感覚性を理解することで、調和のとれた宇宙の知性につながっていけると説く。

この内面の理解は、なかなかすぐには分からないところがある。というのは、われわれが日常行っている言語思考を超えた部分があるからだ。解説には想念とか印象という言葉で表現されているが、日本語の「気」に近いような感じがする。

そしてあらゆる現象は結果であるとし、想念は現象を起こしている原因だという。四つの感覚器官は現象のみしか理解できないが、触覚は原因の世界に通じている。

だが、四つの感覚器官が形成する相対的自己と触覚の奥にある想念が断絶しているために人間の心あるいは自我は、普遍的な宇宙の英知を理解するに至らないという。

今のところ地球では現象については理解が進んでいるが、より重要な宇宙の半面としての想念の世界、現象を形成している根源的な部分の理解が未完成だと指摘する。

感覚器官で成り立つ人間の心と、基本的感覚の持つ英知の断絶を埋めるのは何であろう。どうやら宗教経験における自我の愚かさに気づく手法にもつながることのように思われる。懺悔《ざんげ》のような状態であろうか。そうすることによって人間の心は普遍的な宇宙の原点に近づくことになるからだ。

そして、基本的な感覚にはすべてを統括する「宇宙意識」あるいは「意識的意識」が作用しており、創造の根源につながるという。

しかし、これは今日において科学的な理解、あるいは原理として確立される必要があるだろう。そして大衆の人生を支える宇宙的価値観として定着させてもいいことだ。

いわば細胞の活動や遺伝子情報にも関係し、さらにテレパシーやＳＲＶ（遠隔透視）、あるいは魂の記憶や天地創造の根源でもある「因」の世界についての理解を文明の中に取り入れることになるだろうからだ。

●科学と宗教の接点

現実問題として、われわれがこの触覚という感覚から、現象のブループリントともいえる宇宙の根源的英知に達することはやさしいことではないが、その可能性について、最近の最先端科学が同様な視点を持つようになってきているのは興味深い。

触覚を基本的な感覚とすることは医学的には定義づけにくいが、いわば細胞そのものの情報と考えるなら、ある程度理解できる。「気分がいい」などという表現の中には、身体細胞の状態が反映されているように、具合が悪い場合は、痛みや苦痛として現れ、感覚の中に信号として情報が出ているのだと思われる。

それらの情報は、神経細胞でのみ伝わってくると考えられるだろうが、それだけではないらしい。というのは「生命の科学」でいっている基本的感覚、つまり宇宙の意識は睡眠中でも活動しているとされ、細胞を統括している情報系は、時空の束縛を超えており、想念という感覚で宇宙につながっているとしているからだ。

これまでの科学ではＤＮＡ（遺伝子）が、体を構成する蛋白質やアミノ酸に対応した遺伝子的暗号の青写真を持つ建設設計者であり、その遺伝子的命令が、塩基配列の特定の伝令RNA（リボ核酸）分子を選択し、細胞を組み立てるとされてきた。しかし、組み立てられるタイミングが問題になっている。

遺伝子的命令がいつ出されているのか、漠然と混在している化学物質のすべてが、なぜ同時に作用するのか、ここがはっきりしないというのだ。

「個々の細胞は、一秒間に十万回ほどの化学反応を起こしており、身体のすべての細胞レベルでは、特定の化学反応が毎秒同時に何十億回も生じている。もしもこのとき、何百万という細胞すべての科学的プロセスの一つでも、ほんの少しオフになってしまうと、人間はものの数秒で瓦解してしまう」といわれている。

つまり、このようなことが起きないように、何が調整しているかということである。

その中には、例えば「ある一群の細胞に対して、足ではなく手に成長するよう命じる」というような、科学的・遺伝子的プロセスは何なのかということだ。その指令をいつ起こすか、また、それらを何が感知しているのかということも含まれる。

その回答の仮説として次のように考えられている。

生物一個体の全細胞には、同一の遺伝子情報を持つ同一の染色体が含まれているが、各部分の細胞は、自分が「どの遺伝情報を使うのか」を「知って」おり、さらに、どのくらいの大きさになればいいのかという適切な増殖量と、適切な時期も「知って」おり、体全体のどの位置に収まればよいのかも、完璧に「知って」いるはずだという。

このようなことは、いわゆるテレパシーのように瞬時に行われる、極めて巧妙で超越的な細胞間のコミュニケーションが、その生物の一生の間、一瞬たりとも休みなく起き続けていることになるのだ。

分子生物学や量子力学で最近になってこのような発想が取り上げられ、今まで「機械」として説明できると思われた個々の生命体が、実は「宇宙全体との共鳴」によって存在しているると解釈せざるを得なくなってきた。

先端科学の世界では実験結果としてこれらが導き出されてきたわけだから、これまで集合意識あるいは精霊などと呼ばれてきたものの実在が明確になったと考える人もいる。

細胞間のコミュニケーションについて、イギリスの生物学者ルパート・シェルドレイクは、「形態形成場」という用語によって、このような情報共鳴が細胞・身体だけでなく、人の社会構造にまで及んでいると主張しているが、その考え方からみれば、人間は「空間と時間を統一する意識の海の中」に住んでいるということになりそうだ。その海という概念からは、時空を超えた、原子的レベルにおいても適用される情報の海、つまり魂の記憶や生命の起源、そして創造の英知も見いだされるかに思われる。

あえていうなら、宇宙の普遍的な文明というものが想定されており、あまねく宇宙を覆いつくす進化の方向性というものが存在しているとも思われる。

このようなことから、生命体に及ぼす宇宙的な意識の作用は、人の医療にも適用されるとともに、過去のあらゆる場所の出来事を察知できる可能性や、未来を形成する手法にも及んでいくのではないだろうか。

というのは、上空に飛来するＵＦＯが駆使するテクノロジーや宇宙人が示す超常的な能力を説明しようとすると、このような仮説が成り立つことは確かなのだ。

宇宙人が与えていったとされるこの生命の原理が、日常的な生活の中にいかされるのは今すぐというわけにはいかないだろうが、このテーマはあらゆる日々の事柄に直結していると考えていい。われわれも宇宙の普遍的な生命現象の一部なのだから。

そして彼らは今日もこの原理に従って、地球社会の中で活動しているのだ。

まとめ

これまでＵＦＯ事件のほとんどがばらばらに報告され、どういう脈絡で起きたのかを追及されたことがなかったように思われる。それは常識では否定されるものとして扱われてきたため、存在の有無が問われることだけで終わってしまうからだろう。

事件に遭遇した当事者も、たとえ背後にあるＵＦＯ飛来の目的を知っていたとしても、第三者に説明するとき、せいぜい自分の主張の真実性を守るだけで精いっぱいなのが実情だ。有力な証人がいたとしても、それらの人を巻き添えにすることができないのだ。

さらに困難なのは、現在の地球上の知識では、先進テクノロジーで起こされるＵＦＯ現象を説明する手立てがないということだろう。

私自身、それらの問題の渦中に長年立たされてきて、そのあつれきにつぶされそうになったが、蓄積したデータを整理し、なんとか筋道を立てて、ようやく説明できるめどがついたのではないかと感じている。

それでも、記載した事実そのものをすべての人が受け入れるとは思われない。だからといって、発言をちゅうちょしていても先に続かないので、あえて断定的な表現とさせていただいたところがある。

表記した内容の時系列が、ちゃんと順序立っているわけではないので、最後に大ざっぱながら、項目を年代順に列記して、内容の流れを整理してみたので参考にしていただきたい。

●本書で取り上げた年代別主要テーマ

・三七〇〇年以前　旧約聖書／古代エジプト／古代インド　……　初期宇宙人の介入
・二五〇〇～二〇〇〇年前　釈迦やキリストらによる布教　……　介入の修正
・五〇〇年前　中世ルネサンス　……　錬金術からサイエンスへ
・三〇〇年前　アメリカ建国とデモクラシーの確立　……　聖堂結社が政治へ介入

＊　＊　＊　＊

・一八九六年　ベクレルが放射能を発見　↑　全米に謎のフートン型飛行船出現
・一九〇三年　ライト兄弟が飛行機を発明
・**一九一一年　キュリー夫人が放射線の研究でノーベル賞を受賞**

↑　**ファティマの奇跡　一九一七年　…　宇宙人が人類の核戦争による絶滅を警告**

・一九一〇～四〇年　ニコラ・テスラの無線送電／ウィルヘルム・ライヒの集雲器

↓　フィラデルフィア実験　一九四三年

・一九四二年　ロサンゼルスにUFO出現　↑　アメリカが核分裂連鎖実験に成功

・一九四七年　ロズウェル事件

・一九五二年　ワシントン火球事件／アダムスキーのコンタクト事件

↑　アメリカが水爆実験／イギリスが原爆実験をそれぞれ開始

・一九五四年　ヨーロッパにUFO大量出現・目撃者百万人

↓　世界の宇宙開発スタート　一九五五年

・一九五八年　ブルッキングス研究所レポート　↓　ヒル夫妻事件　一九六一年～

偽装UFO事件の開始

・一九六二年　**キューバ危機**／ケネディ暗殺　……　情報隠ぺい政策の強化

・一九六四年　メキシコ宇宙会議　↓　国連へ宇宙文明影響

・一九六五年　ロドファー事件／MIBの活動増加　……　火星主流派宇宙人の流入

・一九六九年　アポロ11号で人類初の月着陸　……　宇宙開発で宇宙人と連携
・一九七二年　SRV（遠隔透視）研究開始　……　オカルト・テクノロジーの流入
・一九八三年　SDIスターウォーズ計画　……　高度宇宙人の排除
・一九九〇年　東西冷戦の終結／ミステリー・サークルの出現／ロシアでUFO大量出現
……　核戦争による人類絶滅を回避

＊　＊　＊　＊

・一九九二年　火星と交易開始
・二〇〇一年　ディスクロージャー（UFO関連情報公開）の開始　↓　9・11事件
・二〇〇八年　テキサス事件　……　カタストロフィーの暗示
・二〇一二年　？

※各年代のテーマは、それぞれさらに調査し、綿密に事象を追究すべきだと感じているので、許されるならばその機会を持ちたいものである。
　とりあえず、弊社ホームページにある私のコラム、あるいは動画によるメッセージでフォローしていきたいと考えている。

●参考図書

「宇宙の友人たち」古山晴久著　1977　たま出版
「宇宙からの使者」藤原忍著　韮澤潤一郎監修　1988　たま出版
「ニラサワさん。」韮澤潤一郎研究会編　2003　たま出版
「私が出会った宇宙人たち」ハリー・古山著　2008　徳間書店
「空飛ぶ円盤実見記」D・レスリー&G・アダムスキ共著　高橋豊訳　1957　高文社
「空飛ぶ円盤同乗記」ジョージ・アダムスキ著　久保田八郎訳　1960　高文社
「空飛ぶ円盤の真相」ジョージ・アダムスキ著　久保田八郎訳　1962　高文社（実見記・同乗記・真相の各書は、現在は、中央アート出版刊のアダムスキー全集に含まれている）
「国際UFO公文書類集大成1」コールマン・S・フォンケビッキー編纂　森脇十九男監修　斎藤栄一郎訳　1992　たま出版
「わたしは金星に行った!!」S・ヴィジャヌエバ・メディナ著　韮澤潤一郎監修　ミチコ・アベ・デ・ネリ訳　1986　たま出版
「あなたの学んだ太陽系情報は間違っている」(旧・新第三の選択) 水島保男著　1994　たま出版

「実録　自衛隊パイロットたちが接近遭遇したＵＦＯ」佐藤守著　２０１０　講談社
「謎のフィラデルフィア実験」チャールズ・バーリッツ　ウィリアム・Ｌ・ムーア共著　南山宏訳　１９７９　徳間書店
「フリーエネルギーの挑戦」横山信雄／加藤整弘監修　１９９２　たま出版
「ニコラ・テスラの地震兵器と超能力エネルギー」実藤遠著　１９９５　たま出版
「セクシュアル・レボリューション」ウィルヘルム・ライヒ著　小野泰博／藤澤敏雄訳　１９７７　現代思潮社
「天文学とＵＦＯ」モーリス・Ｋ・ジェサップ著　加藤整弘訳　１９９１　たま出版
「アポロ計画の秘密」ウィリアム・ブライアン著　韮澤潤一郎監修　正岡等訳　２００９　たま出版
「ＵＦＯテクノロジー隠蔽工作」スティーヴン・グリア著 前田樹子訳　２００８　めるくまーる
「超極秘　第四の選択」ジム・キース著　林陽訳　１９９４ 徳間書店
「世界最古の原典 エジプト死者の書」ウオリス・バッジ編　今村光一訳　１９９４　たま出版
「21世紀への黙示」ロバート・ミューラー著　泉山めぐみ訳　１９９０　サンパウロ

「ＮＡＳＡ秘録」リチャード・Ｃ・ホーグランド＆マイク・バラ共著　並木仲一郎監修
赤尾秀子訳　２００９　学習研究社
「仏典Ⅱ」中村元訳　１９６５　筑摩書房
「神智学入門」Ｃ・Ｗ・リードビーター著　宮崎直樹訳　１９８２　たま出版
「転生の秘密」ジナ・サーミナラ著　多賀瑛訳　１９７０　たま出版
「前世発見法」グロリア・チャドウィック著　平山千加子訳　１９９２　たま出版
「火星＋エジプト文明の建造者［９神］との接触」リン・ピクネット＆クライブ・プリンス
共著　林陽訳　２００４　徳間書店
「宇宙人ＵＦＯ大事典」ジム・マース著　柴田譲治訳　２００２　徳間書店
「空間からの物質化」ジョン・デビッドソン著　梶野修平訳　１９９４　たま出版
「フィールド　響き合う生命・意識・宇宙」リン・マクタガード著　野中浩一訳　２００４
インターシフト
「宇宙法システム」龍澤邦彦著　１９８７　興仁舎
月刊誌「ＵＦＯと宇宙」ユニバース出版社
「ＵＦＯ教室」ＵＦＯ教育グループ機関誌
「韮澤コラム」たま出版　ホームページ

☆著者紹介

韮澤 潤一郎（にらさわ じゅんいちろう）

1945年新潟県生まれ。法政大学文学部卒業。科学哲学において量子力学と意識の問題を研究。現在、たま出版社長。小学生時代にUFOを目撃して以来、内外フィールド・ワークを伴った研究をもとに雑誌やテレビで活躍。1995年にUFO党から参議院選挙に出馬。tamabook.comでコラムやニュースを発信中。

宇宙人はなぜ地球に来たのか

2011年2月15日　初版第1刷発行
2014年9月25日　2版第1刷発行

著　者　韮澤 潤一郎
発行者　韮澤 潤一郎
発行所　株式会社 たま出版

〒160-0004 東京都新宿区四谷4-28-20
☎ 03-5369-3051（代表）
FAX 03-5369-3052
http://tamabook.com
振替　00130-5-94804

印刷所　株式会社エーヴィスシステムズ

ISBN978-4-8127-0321-2　C0011